博弈心理学

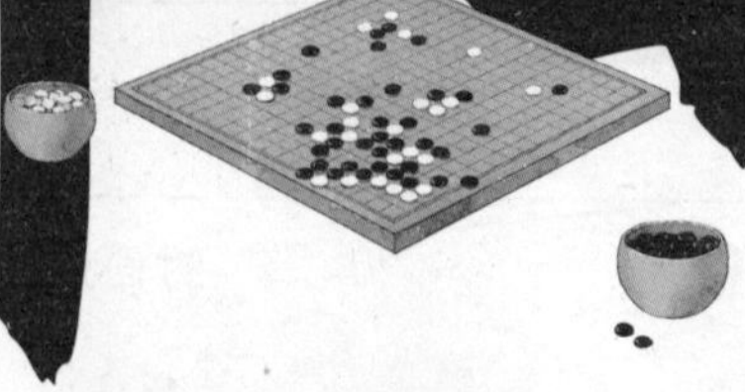

穆臣刚 著

台海出版社

图书在版编目（CIP）数据

博弈心理学 / 穆臣刚著 . -- 北京：台海出版社，2023.12
ISBN 978-7-5168-3731-3

Ⅰ.①博… Ⅱ.①穆… Ⅲ.①心理学—通俗读物 Ⅳ.① B84-49

中国国家版本馆 CIP 数据核字（2023）第 208521 号

博弈心理学

著　　者：穆臣刚

出 版 人：蔡　旭　　　　　　　　　封面设计：尚世视觉
责任编辑：魏　敏

出版发行：台海出版社
地　　址：北京市东城区景山东街 20 号　　邮政编码：100009
电　　话：010-64041652（发行，邮购）
传　　真：010-84045799（总编室）
网　　址：www.taimeng.org.cn/thcbs/default.htm
E - m a i l：thcbs@126.com

经　　销：全国各地新华书店
印　　刷：三河市双升印务有限公司
本书如有破损、缺页、装订错误，请与本社联系调换

开　　本：710 毫米 × 1000 毫米　　1/16
字　　数：180 千字　　　　　　　　印　张：13
版　　次：2023 年 12 月第 1 版　　　印　次：2023 年 12 月第 1 次印刷
书　　号：ISBN 978-7-5168-3731-3

定　　价：59.80 元

版权所有　翻印必究

前　言

"博弈"这门学问听起来玄之又玄，其实并没有那么神秘。博弈就是人与人围绕种种利益的竞争——它既包括对抗性的，也包括合作性的。比如国与国之间的外交、两支军队作战、商业合作或竞争、企业管理、人与人交往、夫妻相处、亲子教育……大而言之，这些都可以被称为"博弈"。

博弈论可以被简单地描述为"如何通过谋划而采取一定的行动（策略选择），使自己在竞争中获胜的理论"。博弈论只有近百年的历史，而人类的博弈行为却已进行了几千年，而且只要有人类存在，人与人之间的博弈就还要进行下去。

博弈源自生活，是朴素生活中凝结的智慧。无论是柴米油盐的生活琐事，还是恋爱、学习或者工作，博弈都在其中扮演着举足轻重的角色；不管是修身与齐家，还是治国平天下，博弈也都在影响着人们的决策和成功。

人生时时皆博弈，生活处处皆博弈，身边事事皆博弈。我们生活在一个充满博弈的世界里，学习博弈心理学，可以使我们充满智慧，令我们理性选择，帮我们克制私欲，助我们从容前行。

本书开列数章，以生动有趣的文笔，将博弈知识和故事巧妙结合，着力点透各种博弈法则的表象与内里、正面与反面、大智与小策、大得与小失的复杂关系，集结各种经典案例并解其中深意，力图举一反三，即可有所鉴，又可有所用。让读者朋友在遍及古今的故事长廊里，感受博弈的精巧和运筹帷幄的快感，从而体悟到生存的智慧和方略。

通过阅读本书，你会发现听起来有些高深莫测的"博弈学"，原来是这样的有趣。掌握了博弈论的一些基本原理，你的思维方法会随之改变，以前在你看来百思不得其解的问题或者生活中见怪不怪的现象，都可以从里面找到答案——比如，为什么同样的话，从有些人嘴里说出来会让人更乐于接受？为什么有时候静观其变反而能达到以不变应万变的效果？为什么有些人表面一套背后一套，而有的人却能识破这种伎俩？狭路相逢，往前冲与向后退孰得孰失？孩子因为要求没有被满足而哭闹，父母该不该妥协？父亲对儿子发出诸如"如果你×××，我就和你断绝父子关系"这样的威胁会有效果吗？竞争中实力弱小就一定处于劣势吗？有没有可能通过"搭便车"或者"坐山观虎斗"来赢得最终的胜利？半途而废也是值得提倡的吗？有哪些人为的安排可以让你在谈判中占尽上风？背水一战、破釜沉舟为什么能够取得战争的胜利……

生活有无限种可能，也有无限种状况，没有任何一本书能穷尽生活中的各种可能。但是通过阅读本书，你会发现，同样一件事情，如果采用博弈论中所说的"策略性思维之道"，许多难题都会迎刃而解，同时你会获取更多的收益。

你眼前的这本《博弈心理学》，是一本不需要任何经济学或者数学基础就能轻松阅读的书；你会觉得它很有趣，有趣到你随便翻开哪一页都能意兴盎然地读下去；很实用，实用到你觉得学习了这里面的博弈论常识，你的思维方式起了"革命性"的变化，对一些事情的认识、理解及处理方式的选择有"豁然开朗"之感；同时，你会对博弈论产生一定的兴趣，甚至觉得通过本书了解博弈论还有些"不过瘾"，愿意自己再来搜寻一些更深、更全面的博弈论著作来更加系统地学习。

当然，以上这些话，也可以看作是我跟你之间一个小博弈。是否愿意翻看或者购买本书，您会如何做出选择呢？

目 录

第一章 人与人的交往，心与心的博弈

1. 生活处处皆博弈 /003
2. 你是个理性的人吗 /006
3. 博弈论教会你"策略化思维" /008
4. 不要损害别人的利益 /010
5. 世间没有绝对的真理 /013
6. 权衡利弊，做出最优选择 /016
7. 学会博弈心理，人生游刃有余 /019

第二章 把握交际的主动权，掌控博弈的优势策略

1. 重视"第一印象效应" /023
2. 做事留有余地 /025
3. 凡事多为他人着想 /028
4. 没有退路为什么还能取胜 /030
5. 回避是拒绝的另一种方式 /033
6. 别关注"我想说什么"，关注"他想听什么" /035

第三章　知己知彼，打赢心理战

1. 透过眼睛，探知心灵 /041
2. 话不在多，而在精 /043
3. 识破掩饰性笑容 /047
4. 表情是心理活动的晴雨表 /050
5. 从小动作洞察人心 /052
6. 寻找幕后的操盘手 /055
7. 备周则意怠，常见则不疑 /059

第四章　应用进退策略，扭转彼此的思维

1. 进退有度才不至进退维谷 /065
2. 不可过度相信判断力 /068
3. 人们喜欢与众不同的东西 /071
4. 冷静下来再度审视 /074
5. 缓兵之策可避锋芒 /077

第五章　在较量中化敌为友，在博弈中以柔克刚

1. 解决矛盾的指导思想就是别较真 /083
2. 从对方的角度思考问题 /086
3. 小处让人，大处才能得人 /088
4. 获胜靠的是优势策略 /091
5. 利益，有时是对手带给你的 /094
6. 平和才是最高层次的博弈 /098

第六章　影响他人，把话说到对方的心里

1. 让对方说"是"的技巧 /103
2. 充分的证据，更让人信服 /106
3. 打动固执的人，先消除其防范心理 /110
4. 对不同的人用不同的说服方式 /114
5. 侧面引导，让人心服口服 /118
6. 借助组织行为学，让你的观点更具说服力 /122

第七章　找共同之处，力求合作双赢

1. 利益链的两端一荣俱荣，一损俱损 /129
2. 竞争的最好结果也不如合作双赢 /131
3. 资源的优化配置要靠合作来实现 /134
4. 只有互利的合作才有意义 /137
5. 公平是合作继续下去的保证 /139
6. 关注共同目标，避免谈话走向冲突 /141
7. 保持灵活敏感，让沟通建立于双赢 /144

第八章　正确的判断，是博弈胜出的关键

1. 以往的经验是人们判断的依据 /149
2. 永远不做大多数 /152
3. 当别人贪婪时，你要懂得害怕 /155
4. 学会选择，鱼和熊掌不可兼得 /157
5. 别让常规左右了你的头脑 /159

6. 使理智与情感相得益彰 /162

7. 请躲避天上掉下的"铁饼" /166

第九章　谈判过程中，把握博弈的关键点

1. 讨价还价中的大学问 /171

2. 不可忽视的时间成本 /174

3. 假意放弃，以退为进 /176

4. 充分利用手中的筹码 /179

5. 要想赢得谈判，必须适当做出让步 /181

第十章　博弈锻炼心智，成熟面对"得失"

1. 不是每场博弈都得决出胜负 /187

2. 博弈的意义在于过程 /190

3. 公平不等于平均 /193

4. 心灵的成长最重要 /196

第一章
人与人的交往，心与心的博弈

人与人之间的接触，其实就是心与心之间的博弈。博弈就像一个又一个策略的集合，不同的策略选择会出现不同的结果。每一件事情中的取舍，都意味着通过选择合适的策略来达到合意的结果。每一个人都会对自己的策略慎之又慎，这就是博弈能够带给我们的乐趣所在，也让我们在生活中找出更多的精彩。为了实现自己的利益，也为了与他人更好地合作，我们都需要学习一些关于博弈的策略思维。

1. 生活处处皆博弈

博弈无处不在，日常生活中的一切，均可用博弈来解释。

清晨，当人们踏进菜市场的那一刻，博弈其实已经开始了。在挑选青菜时，一些家庭主妇总爱挑拣新鲜的，还要把枯黄的叶子揪掉；而卖菜的小贩就会极力劝阻："大哥大姐啊，那些都能吃，不是坏，是缺水了，别挑了，每把菜上都有……"

买菜的为了挑到满意的菜，卖菜的为了卖出更多的菜，双方不断调和，最终达成一致，这就是个博弈的过程。生活中，博弈无处不在，只是人们没有把自己的日常经历理解成一种博弈。很多平凡的事情，甚至是某一刻自己的一个心理活动，都可以用博弈论来进行解释。

任何一个博弈者为了获得自身的最大利益，都不免会与他人形成竞争关系，最终达到双方的均衡。可能有人会怀疑，朋友之间、亲人之间怎么会存在利益之争？这里的"利益"，不单指具体的钱财，也可以是心理上的满足，或者是其他的目的。

比如，你有个在远方上学的好友可能今天过生日，但你又不是很确定：如果是朋友的生日，发条信息过去祝福一下，人家会感觉温馨；如果不发，人家就觉得这个朋友太冷漠；如果不是朋友的生日，发信息过去，记错人家的生日很尴尬；如果不发，那就什么事都没发生一样。在这里，你就是在和朋友的态度做博弈，什么样的方式才是最能让朋友开心的呢？

在这场博弈中，不管今天是不是朋友的生日，打个电话过去问候一下无疑是比较正确的选择。哪怕不提生日的事，就说"天气冷了注意保暖"

都是好的。如果不是好友生日，正好联络了感情；如果是好友生日，他的注意力也转移到了被关心的角度上，让他觉得这个朋友什么时候都是关心自己的。

有时要想在博弈中获得成功，还需要清楚地了解自己，正所谓知己知彼方能百战百胜。特别是在商界的博弈中，博弈者不仅要考虑对方的成本、态度以及对自己行为做出的反应，还要把自己的筹码考虑进去。

在经济学中，博弈的基础就是利益的争夺。参与的双方是利益的竞争者，为了实现自己利益的最大化，同对方抗衡。在抗衡的过程中，竞争者不仅要清楚自己的实力，还要了解对方的情况。

也许有人会认为博弈论是很高深的理论，然而事实并非如此。有关博弈论的研究在18世纪已经开始了，但是直到20世纪，才形成真正的博弈理论体系。经过了几十年的研究，博弈论终于从科学研究变成一条条浅显的道理，走入寻常百姓的生活。人们平时遇到的现象，也都可以从博弈中找到答案。

比如大学生在找工作的过程中，是选择待遇好但是枯燥的，还是选择符合自己兴趣但是待遇低的，这就是同自己的博弈。在选择的过程中，必须考虑自己的收益情况，达到一种均衡。你想先赚钱，等有了积蓄可以再去实现自己的理想；或者一定要遵从自己的兴趣所在，从自己的兴趣中发掘出工作的最大价值。与自己的内心进行对抗，在不同的策略中做出选择，这就是一种博弈。

人们常说生活复杂，其实就是没有看透博弈。不能在博弈中寻找最佳策略方式，也就不能很好地驾驭生活。人们每天都在考虑该怎么处理复杂的关系，各种烦琐的事情往往让人觉得烦恼，如果你拥有高超的博弈技巧，那么你的生活也就更加轻松。相反，如果你没有高超的博弈技巧，你的生活也许就不会那么如意。

一位流浪汉在公园里发现了一只走失的小狗，小狗脖子上没有狗牌，不知是谁家走失的。于是，他把小狗带回了自己简陋的住所，想明天再来

第一章 | 人与人的交往，心与心的博弈

公园看看会不会有主人来找。第二天，流浪汉果然在公园的一棵树上发现了寻狗启事，启事里说如果能把狗送回，他们愿意支付五千个金币。

看到这里，流浪汉很兴奋，兴冲冲地准备回去抱狗，心里想着，这下发财了。可走到半路，流浪汉又改变主意了，既然狗主人这么重视这只小狗，我再等一天，没准儿奖金还能再加。果然，第三天清晨流浪汉发现，悬赏金增加到了一万个金币。

流浪汉不知见好就收，还想再等一天，再等一天就送回去。结果，小狗养尊处优惯了，根本不习惯这种简陋、恶劣的环境，不多久就饿死在流浪汉的家里，小狗一死，赏金自然也泡汤了。很明显，这个流浪汉太过贪心，只顾着自己利益的最大满足，忽略了小狗自身的承受力，因此失去了一次发财的机会。由于自己的贪心，他最终成为一个失败的博弈者。

博弈也是一种心理对抗，与别人对抗，与自己对抗，这种心理对抗无处不在。如果把生活比作一场博弈，谁拥有高超的心理对抗能力，谁就能掌握博弈的主动权。

2. 你是个理性的人吗

哲学家说，人是感情动物，因为人们在对某种事情做出决策时不是完全理性的，而是有限的理性。所谓有限理性，意思就是说，人类不同于编好程序的计算机系统，人的理性是有限度的。

李铭和赵娜是一对大学生情侣，周末的时候，两个人说好到电影院看电影，由李铭请客，理由是前几天李铭与赵娜打赌输了，打的什么赌呢？其实就是赌第二天的天气好坏。

李铭到电影院看到海报的宣传票价是 10 元一张，两张就是 20 元，他带了 45 元，足够买两人的票。由于离约定的时间还有半个小时，他就在报亭买了份报纸看了起来。等赵娜来了之后，两个人一起去买票的时候，李铭发现自己弄丢了 20 元，估计是买报纸的时候丢的。此时，看到李铭沮丧的样子，赵娜就安慰他说："要不咱们不看了，回去吧？"李铭说："我还有二十几元，买票完全够用的！为什么不看呢？"于是两人高高兴兴地进了电影院。

为了感谢男友，看完电影后，赵娜对李铭说："下周学校有一场音乐会，我请你！"很巧的是，音乐会门票的团购价格也是 10 元一张，两人是 20 元。赵娜吸取了李铭的教训，提前就买好了两张座位相邻的票。不幸的是，等她和男友一起走到检票口时，赵娜突然发觉买好的票找不到了，这令她十分焦急。李铭安慰她说："算了，我这里还有钱，我请你，咱们重新买票吧！"赵娜却沮丧地说道："票都丢了，没有心情听了，咱们回去吧。"就这样，这次音乐会没有听成。

这个故事表明：不管是李铭还是赵娜，大多数人在遇到第一种情况时都会选择继续看电影。而在第二种情况下，大多数人都会选择放弃。这明显是受到人们感性影响的结果。其实，大家应该清楚，如果人们是完全理性的话，这两种情况的预期效用应该是一样的。

美国一位心理学家曾给一个实验组提出了这样的问题：一个山村里突然爆发了一种罕见的疾病，如果不加控制，可能会导致 90 位村民全部死亡。由于村里医疗设施有限，只有两种备选的救治方案可供选择。实验群体被分成两组，每组进行相应的选择。假设对方案实施结果的准确估算如下。

实验群体 1 的选择是：如果方案 1 被采纳，能拯救 30 人；若方案 2 被采纳，有 1/3 的可能性拯救 90 人，2/3 的可能性一个也不会救活。实验群体 2 的选择是：如果方案 1 被采纳，则会导致 60 人死亡；若方案 2 被采纳，有 1/3 的可能性把人全部救活，2/3 的可能性会导致 90 人全部死亡。

大家看到，如果人们是完全理性的，那么两组人的选择结果应该相同。但实际的实验结果显示，在第一个实验群体中，有 72% 的人更偏好第一种方案；而在第二个实验群体中，有 68% 的人更偏好第二种方案。由此可以看出，研究者由于对方案描述的不同而影响到人们的心理选择，所以说大部分人心理并不是完全理性的。

再举一个例子，那就是抛硬币打赌游戏。当玩过了一次之后，又被问到是否重新来一次的时候，大部分人的回答完全取决于他们第一次是否赢了。然而，如果在第一次的结果出现之前就决定是否再来一次的话，大部分人都不愿赌下一次。这种行为的思考模式是，如果第一次的结果已知，赢的人就会认为在第二次打赌中不会损失什么，输的人便会将希望寄托在下一次打赌中。但是如果第一次结果未知，双方都没有足够的理由来玩第二次。

如果人们完全具有理性的心理，就意味着人们对每个选择的确切后果都有完全的了解。但是事实上，一个人对自己的行动条件的了解，从来都只是零碎的。当然，从另一方面来说，人们的精力和时间永远是有限的，人不可能完全理性，不可能掌握所有的知识和信息。意图掌握自己想知道的所有信息，本身就是不理性的行为。所以，有时候退而求其次，反而是更理性的选择。

3. 博弈论教会你"策略化思维"

2005年诺贝尔经济学奖授予了美国纽约州立大学斯坦尼分校经济系和决策科学院教授、具有以色列和美国双重国籍的罗伯特·奥曼以及美国人托马斯·C.谢林,理由是两位经济学家利用博弈论理论研究人与人、国与国之间的冲突或合作关系产生的原因,加深了我们对冲突与合作的理解。这是近十多年来博弈论及其应用研究的学者第六次荣获诺贝尔经济学奖。

说到博弈论为何会如此备受关注,人们可以列举一大堆理由——比如,国家利益冲突和国内社会矛盾激烈化为博弈论的应用和发展提供了现实基础;博弈论充分体现了整体方法论,它提供了一套研究利益冲突与合作的方法;博弈论与辩证法紧密相连,进一步演绎和发展了辩证逻辑;博弈论的应用使人们对经济运行过程的理解更贴近现实;等等。但对于大多数读者,尤其是对经济学、数学不太了解的读者而言,学习博弈论的好处在于,它能教会你"策略化思维"。

让我们来看下面的例子:

公元前203年,已是楚汉相争的第三个年头,两军在广武对峙。当时项羽粮少,欲求速胜,于是隔着广武涧冲着刘邦喊话:"天下匈匈数岁者,徒为吾两人矣。愿与汉王挑战,决雌雄,勿徒苦天下之民父子为也。"意思是说,天下战乱纷扰了这么多年,都是因为我们两个人的缘故。现在咱俩"单挑"以决胜负,免得让天下无辜的百姓跟着咱们受苦。面对项羽的挑战,刘邦是如何应答的呢?"汉王笑谢曰:'吾宁斗智,不能斗力!'"就是说,我跟你比的是策略,而不是跟你比谁的武功更高、力气更大。

比起项羽，刘邦显然更具有策略性思维，也就是说，刘邦的想法更符合博弈论。因为虽然现实生活中的很多对抗局势，其胜负主要取决于身体素质或者运动技能，比如百米赛跑、跳高比赛、公平决斗等，要在这些对抗局势中获胜，你只需要锻炼身体技能就可以了。这样的对抗局势虽然也可纳入博弈论的研究范畴，但是这些绝非博弈论研究者最感兴趣的话题。在更多的对抗局势中，其胜负很大程度上甚至完全依赖于谋略技能。比如一场战争的胜负，往往取决于双方的战略和战术，而不是哪一方的统帅体力更好，武功更高。要在这样的对抗局势中获胜，你需要锻炼的是谋略技能，也就是上文刘邦所说的"吾宁斗智，不能斗力"。众所周知，楚汉相争的结局是刘邦赢得了天下，而项羽兵败自刎而死。"斗智"才是博弈论研究者深感兴趣的，同时也是我们学习博弈论能够有所收获的。

在人生的竞技场中，渴望成功是每个人的天性。所以，人们一直努力磨砺竞争的技巧，并希望寻找到成功的法则。虽然事实上没有什么法则可以确保人们绝对成功——就像世界上从来不存在真正的"常胜将军"一样，但是竞争的技巧的确是可以通过磨砺而来，也可以从学习中掌握。它虽然不能使一个人永远立于不败之地，但是却可以改善一个人在竞争中的处境，增加获得成功的机会——即使是失败，人们也力求将失败的损失降到最低，这也是为什么人们更愿意接受损兵折将的结果，而不愿看到一败涂地的局面。而学习博弈论——即学习策略性的思维之道，恰恰可以满足人们获取成功、避免失败的心理要求。也就是说，博弈论将提供必要的知识工具，让你在博弈中使你的利益最大化。

电影《美丽心灵》于2001年由美国环球影业出品，该片艺术地再现了数学天才、1994年诺贝尔经济学奖得主之一、罹患妄想型精神分裂症30多年又奇迹般地恢复正常的约翰·纳什传奇般的人生经历。

此片一举囊括了第59届金球奖5项大奖，并荣获2002年第74届奥斯卡4项大奖。要想更好地了解博弈论，不妨欣赏一下该片，因为很多人对博弈论的兴趣正是由《美丽心灵》这部电影而引发的。

4. 不要损害别人的利益

我们每人都玩过扑克牌，现在就请大家玩一下扑克牌对色游戏。A、B两个参与者，每人从自己的扑克牌中抽一张出来，一起翻开。如果颜色相同，A输给B一元钱；如果颜色不同，则A赢B一元钱。我们把"大王"和"小王"从扑克牌取出，以确保一副扑克牌中只有红和黑两种颜色。所以，每个参与者的策略都只有两个：一是出红，二是出黑。

在这个游戏中，如果赢得一元钱用1来表示，输掉一元钱用–1表示，那么让我们来分析一下可能出现的结果：A出红B也出红，颜色相同，A输掉一元钱，得–1，B赢得1元钱，得1；A出红B出黑，颜色不同，A赢1元钱，得1，B输掉一元钱，得–1；A出黑B出红，颜色不同，A得1，B得–1；A出黑B也出黑，颜色相同，A得–1，B得1。

我们发现，在这场博弈中，每一对局之下博弈的结果不外乎A输一元钱B赢一元钱，或者A赢一元钱B输一元钱，每一对局之下，两人支付的和总是零，我们把这样的博弈称为"零和博弈"。

在零和博弈中，当发生输赢时，几次博弈下来如果双方输赢情况相等，则财富在双方间不发生转移。

下面让我们用电影《美丽心灵》中的一个情节来解读零和博弈：烈日炎炎的一个下午，约翰·纳什教授给二十几个学生上课，教室窗外的楼下有几个工人正施工，机器的响声成了刺耳的噪声，于是纳什走到窗前狠狠地把窗户关上。马上有同学提出意见："教授，请别关窗子，实在太热了！"而纳什教授一脸严肃地回答说："课堂的安静比你舒不舒服

第一章 | 人与人的交往，心与心的博弈

重要得多！"然后转过身一边嘴里叨叨着"给你们来上课，在我看来不但耽误了你们的时间，也耽误了我的宝贵时间……"，一边在黑板上写着数学公式。

我们可以发现，这场博弈中的收益情况是这样的：如果关窗子，保持教室安静，教授得1，而同学们就得忍受室内的高温，得 –1；如果开窗子，同学们因教室里凉快而感到了舒服，得1，而教授会因为噪声无法正常讲课，得 –1。无论开窗还是不开窗，教授与学生所得的总和为0。博弈进行到这里，我们基本能够确定这是一个典型的零和博弈。从这个博弈模型中我们可以发现，在零和博弈中，由于任何一方的所得都是其他参与人的所失，所以零和博弈是利益对抗程度非常高的博弈。

然而在现实生活中，你要想得到好处，不一定非得损害他人的利益，也就是说，利己并不一定非得损人。尤其是在商业中，我们知道只有合作才可以得到双赢的结果，不但你得到好处，你的对手也得到好处。比如双方通过友好协商达成一个交易，买方赚钱，卖方也赚钱，财富就创造出来了。这种情况就是与零和博弈相对应的非零和博弈。

所谓非零和博弈，是既有对抗又有合作的博弈，各参与者的目标不完全对立，对局表现为各种各样的情况。在非零和博弈中，一个局中人的所得并不一定意味着其他局中人要遭受同样数量的损失。也就是说，博弈参与者之间不存在"你之得即我之失"这样一种简单的关系。其中隐含的一个意思是，参与者之间可能存在某种共同的利益，"双赢"或者"多赢"是博弈论中非常重要的理念。

为了说明这个问题，我们接着来看电影《美丽心灵》中这一情节的发展：正当教授一边自语一边在黑板上写公式之际，一位叫阿丽莎的漂亮女同学（这位女同学后来成了纳什的妻子）走到窗边打开了窗子。电影中，纳什用责备的眼神看着阿丽莎："小姐……"而阿丽莎对窗外的工人说道："打扰一下，嗨！我们有点小小的问题，关上窗户，这里会很热；开着，却又太吵。我想能不能请你们先修别的地方，大约45分钟就好了。"

正在干活的工人愉快地说："没问题！"又回头对自己的伙伴们说："伙计们，让我们先休息一下吧！"阿丽莎回过头来快活地看着纳什教授，纳什教授也微笑地看着阿丽莎，既像是讲课，又像是在评论她的做法似的对同学们说："你们会发现在多变性的微积分中，一个难题往往会有多种解答。"

而阿丽莎对"开窗难题"的解答，使得原本的零和博弈变成了另外一种结果：同学们既不必忍受室内的高温，教授也可以在安静的环境中讲课，结果不再是0，而成了+2。由此我们可以看到，很多看似无法调和的矛盾，其实并不一定是你死我活的僵局，那些看似零和或者是负和的问题，也会因为参与者的巧妙设计而转为正和博弈。正如上文中纳什教授所说："多变性的微积分中，一个难题往往会有多种解答。"这一点无论是在生活中还是工作中都给了我们有益的启示。

在自己获取利益的同时，能够不损害别人的利益，创造皆大欢喜的局面，这是博弈的最佳结果。"经济人"的谋利行为被认为是市场经济的动力之一，但为了能让社会经济更健康、更有序地发展下去，"经济人"在谋利的同时，不应该损害他人利益和社会利益。也就是说，能够创造双赢局面的正和博弈，才最值得提倡。

5. 世间没有绝对的真理

　　学过哲学的人都知道，任何真理都是相对的，都是在一定条件下符合客观条件才成为真理。博弈论也只是一种理论上分析推理出的可能性，它本身具有一定的缺陷，只有在一切前提条件都得到保障的环境中成立，而在现实生活中的应用则完全是另外一回事。

　　在现实状态中，会存在许多未可知的干扰因素，这就导致理论在现实中的实施往往会产生误差，有些甚至不可能发生效用，所以，人们应该正确地认识到博弈论的功效，理性地看待博弈论，不能把它当成解决问题的万能钥匙。

　　博弈是在既定的信息结构下的分析方法，在现实应用中会受到许多外在因素的干扰和影响，最常见的就是人的非理性和信息的不对称性。

　　人的认知水平和理性很重要，理性也会影响博弈的水准，博弈理论只是存在的一种可能性，它的实施主体是人，而人的能力和理性是有限度的，对于各种决策可能产生的不同结果，往往不能做出正确的预测和分析。

　　二战期间，德军对苏联发动闪电战，结果重兵把守的战争前线瞬间土崩瓦解，德军得以长驱直入，攻占大片苏联领土，顺利进军莫斯科。防御失败后，苏联的部署策略受到了很大的质疑。

　　可是，原先部署兵力的时候，大家却都表示支持。十月革命以后，苏联的经济实力、军事实力都大增，二战时，苏联实际上成了欧洲最强的大国，在世界上也仅次于美国。苏联仗着雄厚的军事力量和经济实力，企图设重兵将德军阻挡在门外，防止战火蔓延到本国国土，这个策略按道理来

说是比较理想的。

当时苏联有三种部兵方式，第一种是把大部分力量安放在东面，防止德军西进；第二种是重兵防守策略，即把大部分军队调到西部，用来保卫莫斯科；第三种是分兵均守策略，将所有兵力平均分配到前线、中间的缓冲带、西部的防御带。

苏联军队认为，第二种策略过于保守，德军可以轻易进入苏联境内，对国内的工业基地造成重创，而且防线一旦崩溃就会有很大危险。第三种策略削弱了防守的能力，德军一定会集中兵力逐一突破，这也不太保险。至于第一种情况，则可以很好地震慑德军，敌人固然会加强攻击，但是，苏联重兵把守的前线应该不会轻易失守，而且可以将战火控制在人口稀少的东部。

后来的战事表明了第一种策略犯了很大的错误，苏联人妄图在东部与对手一决雌雄，但他们显然低估了德军的战斗力和决心，以致溃败，苏联东部的防守被打破后，后防严重空虚，根本无力还击，德军势如破竹，很快就侵占了苏联大部分的国土，而且几乎造成亡国的危险。

在与德军的博弈过程中，苏联人以其强大的自信，想当然地以为敌人很难突破东部防线，希望在东部战线上结束战斗，可是最终吃了败仗。今天再来分析苏联的这种积极的防守策略，当然会认为第三种策略更成功，可是当时的苏联军队因为主观上的认知错误，而没有采取这种作战方针，因为他们对德军的预判、分析以及对于失败后造成的结果都没有一个正确的、清醒的认识。

信息的不对称性也会影响人们的博弈。所谓信息不对称指的就是人们对于信息掌握程度不一样，掌握更多信息的人往往处于博弈的优势地位。比如人们去商店里买东西，一般来说，店主所掌握的商品信息肯定会比顾客要多得多，包括产品的质量、性能等都有一定的了解，这时候，顾客在购买商品时，就处于不利的位置，很容易受到店主的蛊惑和误导，博弈时自然就会吃亏，不会得到最理想的结果。

相反，如果顾客对商品十分熟识，掌握了足够多的信息，对商品的性能、价格都有了一定的了解，那么在博弈时就处于比较有利的位置，在面对店主时，可以表现得更加从容，当然就能够做出更好的决策。

一般来说，人掌握的信息量很有限，一个人不可能掌握所有的信息，那么在不同的博弈对象和不同的博弈环境中，当然就不可能置身于均衡的条件中进行博弈。同时，人们掌握信息需要一定的代价和成本，这也影响了决策者对于利益最大化的追求。

信息的不对称和缺失往往会影响决策者的判断和分析，当决策者的信息比较贫乏或者相对短缺时，就无法正确地做出决策，当然也就不能成功追求利益最大化。

非理性以及信息不对称严重影响了人的判断，这时候博弈理论就很难派上用场，如果盲目地崇拜和应用博弈论，过度地迷信博弈论，反而会让自己遭受损失，任何人都应该清醒地认识到博弈论的局限，不要把它当成能打开一切门锁的万能钥匙。

博弈论的应用很广泛，它是很好的生存和交际工具之一，是分析和研究社会现象的重要理论知识，也是研究经济学、社会学的辅助工具。人们在对待博弈论的态度上要更加理性，既不能太过依赖，也不可排斥应用。总而言之，博弈论不是万能的，但不懂博弈论则是万万不能的。

6. 权衡利弊，做出最优选择

春秋时期，贫士玉戜生与三乌从臣二人相交甚好，由于没有钱，他们就以品性互勉。玉戜生对三乌从臣说："我们这些人应该洁身自好，以后在朝廷做官，绝不能因趋炎附势而玷污了纯洁的品性。"三乌从臣说："你说得太有道理了，巴结权贵绝不是我们这些正人君子所为。既然我们有共同的志向，何不现在立誓明志呢？"于是二人郑重地发誓："我们二人一致决心不贪图利益，不被权贵所诱惑，不攀附奸邪的小人，不改变我们的德行。如果违背誓言，就请明察秋毫的神灵来惩罚背誓者。"

后来，他们二人一同到晋国做官。玉戜生又重申以前发过的誓言，三乌从臣说："过去用心发过的誓言还响在耳边，怎能轻易忘呢！"当时赵盾在执掌晋国朝政，人们争相拜访赵盾，以期得到他的推荐，从而得到国君的赏识。赵盾的府邸前车子都排出了很远。这时三乌从臣已经后悔，他很想结识赵盾，想去赵盾家又怕玉戜生知道，几经犹豫后，决定起早去拜访。为避人耳目，当鸡刚叫头遍，他就整理衣冠，匆匆忙忙去拜访赵盾了。进了赵府的门，却看见已经有个人端端正正地坐在正屋前东边的长廊里等候了，他走上前去举灯一照，原来那个人是玉戜生。

这则颇具意味的故事出自明代学者宋濂的《宋文宪公全集》。宋濂在作品中评论道："二人贫贱时，他们的盟誓是真诚良好的，等到当了官走上仕途，便立即改变了当初的志向，为什么呢？是利害关系在心中斗争，地位权势使他们在外部感到恐惧的缘故。"或许我们要问，地位和权势是怎样使他们感到恐惧的？或许博弈论中的"囚徒困境"理论可以给出合乎

第一章 | 人与人的交往，心与心的博弈

情理的解答。

1950年的一天，美国斯坦福大学客座教授、普林斯顿大学数学系主任阿尔伯特·塔克给一些心理学家做讲演，为了避免使用繁杂的数学手段而能更加形象地说明博弈的过程，他提出了囚徒困境的理论模型。

塔克以下面这则小故事作为开始：

鲍勃和埃尔两个窃贼在偷盗地点附近被警察抓获，分别关押。每个窃贼必须选择是否供认并指证同伙。如果二人都不供认，将被指控非法携带武器，入狱1年。如果二人都供认并指证同伙，将入狱10年。如果一人供认，一人不供认，则鉴于供认者与警方合作的表现，无罪释放，其同伙将遭到严惩，入狱20年。

我们用收益矩阵分析囚徒困境的情况（如下表）：

		埃尔	
		供认	不供认
鲍伯	供认	10年，10年	0年，20年
	不供认	20年，0年	1年，1年

收益矩阵可以这样解释：囚犯的战略是供认或不供认，每个囚犯选择其中一种战略。竖列代表埃尔的战略，横行代表鲍勃的战略。矩阵中的每组数字是两个囚犯选择不同战略得到的相应结果，逗号左边的数字为鲍勃的收益，右边数字为埃尔的收益。以第一列为例，若两囚犯都认罪，都被判入狱10年；若埃尔认罪，鲍勃不认罪，鲍勃入狱20年，埃尔获释。

那么，到底应该如何解决这一博弈问题呢？如果二人都想入狱时间最短，什么样的战略才是理性的呢？埃尔可能做如下思考："有两种可能性会发生：鲍勃认罪或保持沉默。假定鲍勃认罪，则我不认罪将入狱20年，认罪将入狱10年，所以该情况下最佳的选择是认罪。相反，假定鲍勃不认罪，则我不认罪将入狱1年，认罪将获得自由，认罪还是最佳选择。总之，我应该认罪。"

同样，鲍勃也将按照相同的思维确定自己的行为选择，其结果是两人都认罪，都被判入狱10年。然而，如果二人非理性行事，保持沉默，每人只会入狱1年。

由此可见，对于鲍伯来说，无论埃尔采取什么策略，他坦白总是对自己有利的，两相比较，坦白是他的优势策略；对于埃尔同样如此。因此，在这场博弈中，坦白是双方的优势策略，那么，抵赖就是劣势策略。

实际上，囚徒困境正是个人理性冲突与集体理性冲突的经典情形。正因为在囚徒困境中，每个人都根据自己的利益做出决策，但最后的结果却是谁也捞不到好处。这种情形在生活中也会遇到，比如排队购物时，如果大家都在排队而只有一个人挤上前去插队，他将得到好处；可是如果大家都蜂拥而上，将会出现混乱无序的局面，此时你只能跟着大家一起挤才有可能尽快买到你想要的东西，否则你将成为最后一个，也是最吃亏的一个。

学习了囚徒困境理论，我们再回过头来看一下本文开头的小故事，相信会有豁然开朗的感觉。首先，赵盾的权势对玉戟生与三乌从臣而言是不可忽视的外在资源，赵盾是否赏识，将决定他们的仕途是否顺利。这种情形之下，巴结赵盾与不巴结赵盾的选择，就与二人的现实利益息息相关。对于二人而言，无论对方是否选择巴结，自己只有选择巴结才有可能升官。

我们不能说趋炎附势是性格软弱而导致的惯性举止，实际上它是为了维护自身利益而进行的一种博弈选择。如果他们信守誓言，就肯定与升迁无缘；而背叛誓言，则有可能得到现实利益。因此，在没有良性竞争的机制下，背叛无疑是利益最大化的选择。因为如果自己坚守，而又没有一种机制能保证对方也同样坚守，那么坚守者就有可能成为被牺牲者。学习囚徒困境的理论模型，并非鼓励人们背叛，而是让我们知道，在做决策时，如果没有十全十美的办法，我们不妨权衡一下利弊，从而做到"两害相权取其轻"。

第一章 人与人的交往，心与心的博弈

7. 学会博弈心理，人生游刃有余

人的一生总是处在不停地博弈之中，比如，和朋友约会去咖啡馆还是去公园？阴天外出的时候，是带上雨伞还是不带雨伞？上班是骑车还是坐车？和同学是去听音乐会还是去看电影……可以说生活中的一切，大到国家大事，小到早餐吃什么，都可以用博弈定结果。

1994年，美国政府向商家拍卖大部分无线电频率。拍卖活动由很多博弈论心理专家精心设计，目的是最大化政府收益和各商家利用率。事实证明，这个博弈设计取得了极大的成功。美国政府在这个拍卖活动中获得超过100亿美元的收入，各频率也都找到了满意的归宿。

与此相对应的是，新西兰政府却在一个类似的拍卖会中惨遭失败。因为他们没有通过博弈理论来设计拍卖规则。最后的结果惨不忍睹，政府只获得预计收入的15%，而被拍卖的频率也没能完全物尽其用。在拍卖会现场因为无人竞争，有一个大学生只花1美元就买到了一个电视台许可证，这样的结果让人大出意外。

为了实现利益的最大化，就一定要学习博弈理论的精髓，做好利益的分割，达到最好的结果。这就是我们必须了解、学习的最根本原因。理解博弈，运用博弈，会使我们在生活当中更加游刃有余。

古语说：世事如棋。你的每一个行为都会化作棋子在棋盘中和别人激战。此时精明慎重的棋手们大多数会揣摩、思考、谋算……精彩的"棋路"会引领精彩的人生。把这种"棋局博弈"运用到社会生活中，每个人都是一个棋手，为了自己的利益去揣摩需要打交道的人的心思，只有这样，人们才能够在纷繁复杂的社会中满足需求，同时在冲突和合作之间选择最为有利于自己的方式，在利益博弈中抢占先机。

现实中很多朋友也一定有这样的认识，即博弈论是一门专业性很强的高深学问，一般人很难掌握。但对博弈精髓有所了解的人却说："我们中国人研究其他学问难说，但研究博弈论是有优势的。"为什么这样说呢？从积极的方面来说，是因为中国古代有很多这方面的著述与实践，春秋争霸，战国争雄，我们更多地看到的是谋士之间的角逐；而一部《三国演义》，在今天看来就是一部绝好的博弈论教材。其他无论是兵书如《孙子兵法》《三十六计》，还是现代流行的"商战策略""公共关系"等，都是关于如何赢得与人交往的胜利的，或者说如何获取成功的。

其实任何博弈都是如此，不论是小孩子玩石头、剪子、布，还是江湖豪客的性命相搏；不论是没有硝烟的经济战争，还是纵横捭阖的军事战争；不论是运动场上的竞技，还是亿万年来在生物圈内演义的生存竞争，大到一国，小到一人，重到一决生死，轻到为博一笑，各种博弈都遵循共同的思路。因此，了解博弈的内容，已经成为当今人们的必然选择。

英国政治家帕麦斯顿曾说过："没有永恒的敌人，没有永恒的朋友，只有永恒的利益。"这句话虽有失偏颇，但也有一定的道理，尤其是应用在博弈理论中。人性存在着自私的一面，我们之所以研究博弈论，就是为了能够充分把握博弈带给我们的利与害，从而获得最大化的利益，使我们在日常交往中，能够成为人群中受欢迎的人；在爱情面前，懂得尊重和争取，赢取一份值得相守终生的感情；等等。

著名经济学家保罗·萨缪尔森说："要想在现代社会做一个有文化的人，你必须对博弈论有一个大致了解。"博弈的学问从日常的生活中提炼出来，也是为了更好地适应生活。尽量多掌握博弈的一些方法，它会让我们在竞争激烈的社会生活中，思路更加开阔，最大限度地提高工作效率，那么我们成功的机会就会更高。

第二章
把握交际的主动权，掌控博弈的优势策略

　　人际交往中，你会发现众多的不和谐，有的人果断泼辣，与优柔寡断的人可能就合不来；有的人性情沉稳，做事踏实认真，对那些咋咋呼呼、毛手毛脚的人就很看不惯……这样的事情不胜枚举。谈判桌上，因为遇到一个慢性子对手而失去耐心、错失一笔生意的人也为数不少……一个人能否和不同性格的人相处融洽，对他的生活、工作和事业都会有重大影响。因此，我们必须要学会调整博弈策略，把握交际的主动权。

1. 重视"第一印象效应"

中国有句俗语叫"有粉擦在脸上",意思是说,只有把粉擦在脸上才能增添你的美丽。脸面是给人看的,如果把粉擦在别的地方,让人很难看到,擦粉也就失去了意义。这就如同我们常常会通过封面来判断一本书的质量。虽然评价书的内容要花一点时间,但封面的包装却只要几秒钟便能够了解。因此,一本书封面制作得是否新颖、独特,对于这本书的销量会产生很大的影响。这也说明了,信息只有通过有效的途径传递出去,并切实传递给你心中的信息接收对象,你的目的才能达到。

我们都知道新加坡有"花园城市"之美誉,新加坡最吸引人的地方就是其良好的绿化环境,这已成为其重要的旅游吸引力之一。但这不是自然的巧合,而是精心规划的结果。当新加坡还很贫困时,前总理李光耀是靠修剪整齐的灌木丛吸引到外资的。李光耀要求,从机场到各大饭店的道路一定要好好维护、整修,而他这么做则是为了让外国的商人觉得新加坡人"能干、守规矩又可靠"。

经过精心修剪的灌木丛当然无助于增加已有跨国公司在当地的投资,可是对于那些潜在的外国投资者来说,他们来到新加坡最先看到的便是从机场到饭店的灌木丛,而且与了解新加坡当时的贫穷或者落后相比,这种整齐的灌木丛更容易看出来。这些精明的投资者当然明白,新加坡当局知道他们会观察从机场到饭店这条路的路况,因此,如果新加坡人连花工夫去整理这条路都做不到,那就表示这个国家将来也不会费心给外资制定什么优惠政策。这些灌木丛就是新加坡要传递给外人看的直接

信息，也就是第一印象，可见第一印象对于人们做出判断是多么重要的依据。

人与人第一次交往中给人留下的印象，在对方的头脑中形成并占据着主导地位，这种效应即心理学中的"第一印象效应"。在人际交往中，你永远没有第二次机会树立第一印象，如果你在第一次交往中给人留下了一个好印象，别人就会乐于跟你进行第二次交往。相反，如果你在第一次交际中表现不佳或很差，往往很难挽回，除非你付出相当大的努力。所以，务必注意你跟人打交道时的第一印象。

无论你是个什么样的人，在何种场合，只要有他人存在，你的一言一行、一举一动都在展示着自己的形象。好的形象能够为我们赢得更多的朋友，能够帮助我们取得更多、更好的发展机会，而一个形象邋遢、自大失礼的人远比一个无能的人更加糟糕。

要创造良好的第一印象，首先要注意服装及仪表。一个蓬头垢面、衣衫不整的人站在你的面前，一定会让你讨厌。同时，千万别忘了展示出谦卑的姿态和诚恳的微笑，这比你身上穿着的任何名牌服装都值钱得多。你的种种态度和表现，会成为一条条信息传递给周围的人，接收者便会在脑海里形成最初的印象，你的绅士风度无疑会增加很多印象分。

在实施信息传递的过程中，有一个问题需要重视，那就是信息传递成本。如果传递信息的成本过高，那么传递信息就很有可能只是一部分人的"专利"，就像参与知名电视台黄金时段广告竞标的只有少数企业一样。这也说明，如果发送信息的成本对谁都一样，那么信息传递也就失去效用了。

美国科学家、政治家本杰明·富兰克林说："一个人的行为举止、风度仪表是展现一个人外在魅力的主要方式之一。"所以我们有必要表现出良好的个人形象，也都有必要维护自身良好的形象，尤其在与人初次见面时，更要拿出自己的风度。让别人感受到我们独一无二的气质和谦逊礼貌的绅士风度，因为良好的第一印象就是你的一张名片。

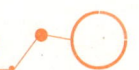

2. 做事留有余地

有 A、B、C 三个枪手，他们彼此痛恨又绝对理性。一天，他们三人准备决斗。A 枪法最好，十发八中；B 枪法次之，十发六中；C 枪法最差，十发四中。如果三人同时开枪，并且每人只发一枪，第一轮枪战后，谁活下来的机会大一些？

很多人会不假思索地回答："当然是枪手 A 了！"但结果可能会让你大吃一惊，因为真正的答案是枪法最差的 C。

假如这三个人彼此痛恨，非要拼个你死我活，那么对于枪手 A 来说，他一定要对枪手 B 开枪，这是他的最佳策略。因为枪手 B 对他的威胁最大，所以他的第一枪不可能瞄准 C。同样，枪手 B 也会把 A 作为第一目标，很明显，一旦把他干掉，下一轮（如果还有下一轮的话）和 C 对决，他的胜算较大。相反，如果他先打 C，即使活到了下一轮，与 A 对决也是凶多吉少。C 呢？自然也要对 A 开枪，因为不管怎么说，枪手 B 到底比 A 差一些。如果一定要和某个人对决下一场的话，他宁愿留下来的对手是枪手 B，这样他获胜的机会要比与 A 对决大一些。

在对于上例"枪手博弈"的分析中，我们可以看出，枪手 A 的最优策略是射击枪手 B，而枪手 B 的最优策略是射击枪手 A，这样一来，枪手 C 无论射击 A 还是 B，都会在无形中与其中一人形成同盟关系。

假设枪手 C 射击的目标是枪手 A，那么 A 的死亡率便会增加，尽管这样，A 还是有可能在第一轮较量中存活，那么 A 便会对 C 打击报复。同样，假设枪手 C 的目标是枪手 B，那么他也可能面对被报复的结果。第二

轮较量中,枪手C显然是存活率最低的人。如果他明白其中的道理,他就应该在第一轮博弈中不向任何一方射击,而是选择退出决斗。不管是给哪一方留下活路,对于自己来说,都将是最大的恩赐。如果选择步步紧逼,把别人逼上绝路,那么自己也将没有活路。

20世纪初,在美国西部落基山脉的凯巴伯森林中约有4000头野鹿,而与之相伴的却是一群群凶残的狼,威胁着鹿的生存。为了让这些鹿能够安全地繁衍生息,1906年,美国总统决定开展一场除狼行动,到1930年累计枪杀了6000多只恶狼。狼在凯巴伯林区不见了踪影,不久鹿增长到10万余头。兴旺的鹿群啃食一切可食的植物,吃光野草,毁坏林木,并使以植物为食的其他动物锐减,鹿群也慢慢地陷于饥饿和疾病的困境。到1942年,凯巴伯森林中鹿下降到8000头,且病弱者居多,兴旺一时的鹿家族急剧走向衰败。

谁也没有想到会出现这种事与愿违的局面。狼被消灭了,鹿没有了天敌,日子过得很安逸,也不用经常处于逃跑的状态了。"懒汉"体弱,于是鹿群开始退化。美国政府为挽救灭狼带来的恶果,不得不又实施了"引狼入室"计划。1995年,美国从加拿大运来首批野狼放生到落基山中,森林中才又焕发勃勃生机。

这个例子告诉我们,事物之间存在着密切的关系,看似不合理的现象中却有着固有的平衡,一旦这个平衡被人为地打破,可能会带来无法预知的灾难。如果把上述思想应用在特定的博弈中,我们常说的"对待敌人应该像秋风扫落叶那样残酷无情"就未必是最好的策略——最好的策略恰恰可能是放敌人一条生路。

在竞争日趋激烈的时代中,越来越多的人认为"人不为己天诛地灭"是一个千古真理,这一"真理"足以成为竞争者相互厮杀倾轧的借口。但另一方面,长辈们"凡事留有余地"的谆谆教诲,指导年轻人做事要留有余地,不要轻易将他人置于绝地。这绝不仅仅是出于人道主义的考虑,从博弈的角度来说,这保留了合作的可能,而从处世哲学的角度来说,给别

人留下余地，就是给自己留下了发展的余地。

在谋求生存和发展的时候，应适当收敛和示弱，不要一味地求强求大，因为空间和资源始终都是有限的，你得到更多，别人必定会失去更多，你给予的压力越大，对方的空间自然就越小，他们的反弹力一定会越大，这种生存和竞争上的冲突很容易会被激化。过度挤压别人必然不利于自己的发展，因此，人们在寻求发展的同时，一定要注意保障他人的权益，给别人留下发展的空间。

高明的雕刻家在进行面部雕刻时，往往会把眼睛刻得尽量小一些，而鼻子却尽量大一些，这样就为再次的修饰和改进留下了空间；有经验的木工在衔接木板时，总是会刻意留下一道缝隙，这样木板就不会因为受到挤压而开裂；聪明的渔猎者懂得选用网眼较大的渔网捕鱼，以保存小鱼苗，给鱼留下繁殖的机会。

除了利益争夺上的针锋相对、互不相让，竞争的双方也存在合作的可能性，也许你的对手具备创造利益的能力和条件，将来可以为你争取到特定的利益，一旦双方开始合作，你离成功就不远了。一个有远见的人不应该抹杀这种合作的可能性，所以为人处世不应该做得太绝，凡事要给别人留有余地，这也是在给自己留些退路。

在博弈中放弃自己的攻击机会，反而会取得更好的结果。也就是说，对待敌人，不一定总要"像秋风扫落叶一样无情"，有时放他一马，反而会使自己在下一轮博弈中取得有利的态势。

强势、霸道也许会使你获得一时的利益，但会让你的人生失败。为人处世的过程中，一分一厘的利益都不放过并非好事。虽然你抓住了看得见的这些蝇头小利，却丧失了他人的信任和尊敬。只有处处为别人留有空间，才能得到他人的谅解和宽容的对待。

3. 凡事多为他人着想

我们在小说中或电影、电视中经常会看到有这样一些极端自私的角色：我得不到的，别人也休想得到；你不让我好过，大家谁都别想好过。比如《天龙八部》中的丐帮副帮主马大元的夫人康敏，因为乔峰没有对她的美貌表现出痴迷，就感到十分不爽而处心积虑地害得乔峰身败名裂；因为无法跟昔日的爱人大理镇南王段正淳长相厮守，就狠心置段正淳于死地。

为什么有的人会有这种心理呢？因为在分配问题上，如果一方明显占便宜而另一方明显吃亏，那么合作很难达成。也就是说，在交易中，你要充分考虑对方的利益，你自己才可能从中受益，否则双方的利益都有可能受到损失。比如上文中所说的马夫人，就是因为乔峰与段正淳犯下了一个同样的"错误"——忽略了她的利益。

"最后通牒博弈"更加形象地说明了这一问题。假设 A 拾到 100 元钱被 B 看到，B 要求"见者有份"，否则他将要求 A 把这 100 元钱交公，两人谁也得不到。分给 B 多少由 A 决定，但是 B 可以选择同意，也可以选择不同意。如果 B 同意，就按 A 的方案来分，如果 B 不同意，则这笔钱两人谁也得不到，将全部上交。比如 A 提的方案是 70 : 30，即 A 得 70 元，B 得 30 元。如果 B 接受，则 A 得 70 元，B 得 30 元；如果 B 不同意，则两人将什么都得不到。

A 提方案时要猜测 B 的反应，A 会这样想：根据理性人的假定，我只要分出一点点钱给 B，B 就会接受，因为他接受了还有所得，而不接受将一无所获——当然，此时 A 也将一无所获。此时理性的 A 的方案可以是：留给 B 一点点，比如 1 元钱，而将 99 元归为己有，即方案是：99∶1。B 接受了还会有 1 元，而不接受，将什么也没有。

英国博弈论专家宾默尔针对这类博弈反复做了实验，发现提方案者倾向于提 50∶50，而接受者的倾向则是：如果给他的少于 30%，他将拒绝；多于 30%，则不拒绝。这种情况说明了什么问题呢？即：在现实中，人们的决策往往不仅会考虑经济上的动机，也会考虑对方行为的目的性动机。

人类既懂得知恩图报，还懂得以牙还牙，对于那些善待自己的人，我们常常愿意牺牲自己的利益去给予回报；对于那些恶待我们的人，我们同样愿意牺牲自己的利益去报复。在这样的动机下，不平均的分配方案被拒绝就是理所当然的。

有时候，人们很容易自我迷失，不能正确地定位自己，结果影响了自己和别人的交际关系。而事实上，别人眼中的自己，才是真正的自己。所以，我们要学会从别人的角度和立场来看待问题、分析问题，并据此来改进自己，以期达到他人眼中的那个形象要求。不懂得对方心里的真实想法，就不会知道自己在对方心中的位置和形象，也就不能够改变自己的缺点和错误，那么双方的关系也一定不会得到改善。

我们在影视作品中经常可以看到，一个犯罪团伙的"大哥"往往对兄弟们有情有义，因共同犯罪无论是卖毒品还是抢劫而得来的钱，会很慷慨地分给与自己出生入死的兄弟，排除"义气"的因素，就是这些当"大哥"的深谙博弈论——用倒推法来看，如果兄弟们拼死拼活得来的好处由"大哥"一个人独吞，那么这帮兄弟们将失去卖命的动机，没有兄弟们为他卖命，这个"大哥"再有本事也是孤家寡人一个，不会有太大的"作为"。

由此可见，当"老大"也是不容易的。假如你作为老板，拥有最先分配权，就看你是否仁厚或是黑心，你有权独吞所有共同成果，也可以合理分配让大家满意，如果你过于贪婪，就要承担被伙伴背叛的风险；如果你不想冒险，最好是放弃部分利益以求共存。通常情况下，你只有充分考虑他人的利益，自己的利益才能得到最切合实际的保障。

博弈心理学

4. 没有退路为什么还能取胜

公元前 207 年，项羽率领起义军与秦军主力部队展开大战。项羽不畏强敌，带兵渡过漳水河。随后，他命令士兵把渡船全都砸沉，每人带足三天的口粮，砸碎全部行军做饭的锅，还烧掉营帐，以示必胜之决心。战士们知道自己已经没有退路，这场仗如果打不赢，那么谁也活不成，于是个个奋勇争先，以一当十，最终打败秦军。这就是中国战争史上著名的"破釜沉舟"的故事。

从这个历史故事中我们可以看到，人有一种天生的求生本能，如果截断一个人的退路，想要将其置于死地，那么他就会奋起抗争、拼命求生，所产生的战斗力就会非常强大。在博弈论中，承诺行动的精髓在于截断退路、不留余地，这同样会激起博弈者强大的反抗力量。截断退路常常表示战斗到底的决心，不但对敌人是一个有力的震慑，而且自己也只能前进不能后退。在商战中，通过截断自身退路而获得胜利的例子也多不胜数。

美国汽车界的传奇人物艾柯卡在接手管理濒临绝境的克莱斯勒公司后，感到必须降低工人的工资，才能拯救这家企业。但是美国的工会相当厉害，降低工资必须要得到工会的同意。因此，他首先降低了高级职员的工资的 10%，把自己的年薪也从 36 万美元降到 10 万美元。随后他对工会领导人说："17 美元一个钟头的活儿有的是，20 美元的一件也没有。现在好比我拿着手枪顶着你们的脑袋，你们还是聪明点。"

工会根本不愿意答应艾柯卡的条件，结果双方僵持了一年。公司的状况越来越差，艾柯卡觉得只有置之死地，方能求得生存，所以在一天晚上的 10 点钟，艾柯卡找到了工会谈判委员会，对他们说："明天早晨以前，你们非做出决定不可。如果你们不帮我的忙，我也要让你们不好受，明天上午我就可以宣布公司破产。你们还可以考虑 8 小时，怎么办好，你们自己决定吧！"工会考虑了几个小时，认为如果艾柯卡宣布公司破产，那么将有很多工人失业，所以只好答应了艾柯卡的要求。

艾柯卡的这一行为也是背水一战，他在传记中写道："这绝对不是谈判的好方法，但是有时候只能这么办。"他已经没有办法了，所以只好出此下策，结果他的做法却使工会感到了压力，最后服从了他的要求，企业也很快渡过了难关，在次年就扭亏为盈，转危为安。

在通常情况下，我们可以从选择中获利，选择的方式越多，对选择者而言越有利。但实际情况常常是，选择增多了反而会减弱威胁的可信性，这种情况下，减少选择的方式或者自断退路反而会显出奇效。这种做法在商业中经常得到应用，比如商店贴出经过公证的"假一赔十"的承诺，有了这样的承诺，相当于断绝了商店销售假货的退路，因为一旦被查出销售假货，商店将损失惨重，所以人们相信它不会出售假货。

再如职场中，假设你的能力的确很突出，每年能给公司带来很多的收益，但你对公司给你的薪水不满，因此向老板要求年薪增加 2 万元，你应该怎样做呢？你能采取的最好的策略就是让老板相信，不加薪你就走人。但是如果你只是简单地跟老板说，要是他不给你加薪，你就跳槽，那他就不可能把你的威胁当真。因此，假如要让老板相信你的威胁，最好的办法就是向他证明有一家公司愿意每年多花 2 万元请你。同时你要在公司里放出风去，让每个人都知道，假如得不到加薪，你肯定会跳槽。这时如果你的加薪请求遭拒，留任原职会让你颜面尽失，也就是说你把自己逼上了要么加薪，要么跳槽的绝境，从而大大增加了你的威胁的可相信性。

这种方法等于断绝后路的策略，坚决地断绝留任的后路之后，老板就会发现为你加薪对他比较好，因为他知道要是得不到加薪，你只好走人，而且其他人不会像你工作那样出色，损失最大的将是公司。当然，如果你的判断失误，比如老板认为你的价值与你现在的薪酬正好相当，那么他将不会用加薪来挽留你，而你这种做法的结果是自己另谋高就，但也可能是低就，还可能是赋闲。所以，在实施这样的策略的时候，你一定要尽量做到知彼知己。

人生是否过得有意义，很大程度上取决于一个态度问题。只有具备认真对待每一天的心态，才能真正提高自己的能力。一旦"决战"来临，自己才会具备应对挑战的能力，从而把握住成功的机遇。这也是博弈论中"截断退路"的行动对于我们人生的启示。

5. 回避是拒绝的另一种方式

情侣二人在电话中商量情人节在哪里共进晚餐。女方想去吃牛排，她知道一家高档餐厅环境很好，有情人节的气氛；而男方却想去吃地道的中国火锅，认为涮火锅比烤牛排更好吃、更实惠。假如女方在电话中对男方说"我不管，反正我就想去吃牛排！要吃火锅你自己吃好了，咱们各吃各的……"，当然，这种威胁可能不被男方相信，或者男方听了女方的话后会摆事实、讲道理，力图说服女方与他一起吃火锅。这时女方应该怎么办呢？

如果女方确定男方多半会迁就她，那么最好的办法就是冲着电话嚷一句"反正我要去吃牛排，晚上七点准时到！"然后"啪"地挂断电话，男方再怎么打电话她都拒绝接听，或者干脆把手机也关机，让男方联系不到她，直到快到七点才开机。等她七点到达那家高档餐厅时，可能发现爱她的男友早已等在那里了。

这场博弈中，女方采用挂断电话，任男方怎么打也不肯接的策略，在博弈论中被称为拒绝信息，也叫作切断联系，它可以强化承诺或威胁的可信性。然而，更多的时候，切断联系是为了限制不利于自己的信息。因为博弈局势中，拥有更多信息不一定是好事。

比如绑匪劫持人质，给事主打电话交代拿钱赎人的时间地点，并警告不许报警之后，马上就会把电话挂掉，绝对不和接电话的人多说一句话。即便事主按着绑匪打来的电话再拨回去，也一定无法拨通，只有他为了防止事主报警而决定变更交易时间地点时，才会再与事主联系，告之新的时间地点。只要绑匪不与事主联系，通常情况下，事主只好提着钱到指定的地点赎人。我们在一些影视作品中经常可以看到这一幕，但是这一招绑匪会用，警察也会用。有时候，绑匪劫持人质要求谈判，拒绝与绑匪谈判也可能有好处。

1965年，美国发生了一场监狱暴动，当时典狱长便拒绝聆听犯人的要求，直到犯人释放了所挟持的警察为止。典狱长完全拒绝和犯人对话的做法等于是在昭告众人，他绝对不会让步。

切断联系的方式在商场谈判中也很有用。假设你遇到一位买主不肯接受目前的报价，因为他相信你很快就会提出更好的价钱。为了让这位买主相信你不会降价，你可以先给一个最后的报价，然后就停止谈判，告诉他，除非同意你的条件，否则不用再与你联系。

但是一个策略的好与坏是相对的，切断联系对于博弈的一方来说是好的，那么对于另一方来说，让其知道这些信息则是好的。对于博弈的一方而言，最好是拒绝接受不利于自己的信息；但是对博弈的另一方而言，则必须让对方接受这些信息，从而使对方获悉自己威胁的内容，并使他确认这个威胁的可信性。

就像一个国家拥有强大的武力，但是如果它的武力处于秘密状态，那么就不会有国家害怕它，其他的国家也就敢于向它挑衅。即使它后来真的打败其他国家，也要付出战争的代价。而搞些军事演习以显示自己军事力量的强大，便可起到不战而屈人之兵的作用。

当你遇到的问题很棘手甚至具有挑衅、侮辱的意味时，不妨选择回避，静观其变。这种不说"不"字的拒绝，所表达出的无可奉告之意，常常会产生极强的心理上的威慑力。需要注意的是，回避拒绝法虽然效果明显，但如果运用不当，难免会"伤人"，所以只有在知己知彼的情况下才可使用。

6. 别关注"我想说什么"，关注"他想听什么"

人们在交往中都想获得一种感觉，这种感觉叫"存在感"。如果我们在与他人的沟通中，能够让对方获得存在感，就会使沟通变得更加顺畅，即使我们说很少的话，也会被他人归纳为"人缘好"的那类人。而让对方获得存在感的关键在于，对话过程中别太多地关注于"我想说什么"，而是去关注"他想听什么"。

说别人想听的话，首先要将心比心，把自己放在对方的位置，体验对方的处境。专心地倾听对方的谈话，可以让对方觉得被尊重，感觉找到了知音。说话者要善于观察听者的非语言动作，从中可以解读对方心底深处的想法。从对方的话语和表情中理解对方真实的想法。当你让对方畅所欲言时，自然会明白对方真正想要的是什么，对方想要听到你说些什么。

譬如你的一位资历较浅的同事来找你商量："我写了一份企划书，在呈给经理看之前，能不能请你给我一点意见呢？"

你爽快地答应，看完后的感想是，如果再加上一些市场调查数据就更完整了。于是，你对这位同事说："写得还不错，不过如果能补充一些市场调查数据的话，经理的评价应该会更好。"

"好的，但是我觉得这次的企划案，并不是那么需要市场调查数据。"

结果就会像这样，你好意提出建议，同事的回应却是"但是……"，为什么呢？因为你的建议不管有多中肯，此刻根本无关紧要，这并不是这位同事"想听的话"。这位同事真正想听的是："不错，你写得真的是很好。"

所以，当资历浅的同事来向你请教时，在思索如何才能让经理满意这份企划书之前，你先要思考的问题是："这位同事想要听到我说什么呢？"因为对于这位资历浅的同事来说，唯有听到他"想听的话"之后，才会有心思听你的建议。因此，对话应该是下面这样的：

"真不错，你写得真的很好。"

"真的吗？我想了很久呢！实不相瞒，我对这份企划书还是很有信心的。"

"这倒是。因为的确看得出你的努力啊！"

"恩，不过，多少还是给我一点建议吧！"

"建议啊？让我想想……如果再加上一点市场调查数据的话，经理的评价应该会更高。当然，我的意思是，如果你还有时间修改一下的话。"

"下午才要方案，应该还来得及！原来如此，少的是市场调查数据啊！因为经理总是很在乎那些数字对吧？真不愧是前辈！"

日常交际的博弈秘诀就是要养成一个习惯：在说话前永远先思考"对方究竟想要听我说什么"。

博弈心理学家总结出一条简单的交际法则——如果情感上无法接受，目的再正确也没有用。这句话的意思是说，当找到了对方情感上能够接受的话题，或者你说出的话会让对方感到自身的重要性，就如同打开了双方交流之锁，而这把由情感组成的钥匙，往往会让你们之间的对话变得更有把握。

如果你仔细观察周围那些善于打开谈话局面的人，我们会发现他们的对话非常有意思：男人们总是从一场球赛、一辆汽车、一部手机等内容开始拉近彼此的距离；女人们总是从时装、化妆品与孩子教育开始，才成为无话不谈的闺密。

你不能要求自己在面对所有人时，都可以随意地引导对方的说话欲望，但每一个人身边都会有一些公共的情感元素，而愿意发现这些情感元素的人，就是我们眼中的"交际高手"。

对于在工作中接触到的人来说，大家一天中想得最多的恐怕都是怎样完成工作任务，怎么赚钱，自然没有闲情与你讨论类似比尔·盖茨家那个巨大的浴缸里到底有没有装鲸鱼这样的事情。你应该在了解了对方的想法与需求以后，再决定该说些什么。

在讲话的时候，我们应该相信并尊重别人的智慧，对方感兴趣的可以多说，不感兴趣的则应少说。我们与人交谈，必须要记得"投其所好"，了解对方最关心的是什么，你将如何满足他的需求，这样他人才会对你感兴趣，才会喜欢与你交往。

匈牙利作家米尔沙特在他未成名时经常遭受出版社的冷眼，他去出版社送稿件，常常被那些编辑不耐烦地推出门外，他们对他的稿子一眼也不看，就说那是垃圾并且请他丢到纸篓里，不要耽搁他们的功夫。

经过多次打击之后，米尔沙特变得聪明起来，他后来去出版社，不再主动提及自己的稿件，而是专门找那些编辑感兴趣的话题作为主题与他们聊天，他会向他们提起他们刚刚编辑出版的某本书，并且谈论其中的某些内容。

每当他这样做的时候，那些编辑们就会放下手中的工作，围过来七嘴八舌、很有兴趣地对那本书发表自己的看法。就这样，他们成了好朋友，自然再也不会把他推出门去了。

日常谈话交流的重要目的就是增进感情，搞好关系，让别人开心。投其所好就是达到这一目的的重要技巧。怎样才能投其所好呢？就是别人喜欢什么我们就说什么，别人喜欢听什么我们就说什么。投其所好主要可以从以下几个方面入手：说对方得意的事；说对方擅长的事；说祝福语、说鼓舞人心的话；说对方感兴趣的事或话题。没有人会对自己不感兴趣的话题投入过多的热情，而如果遇到自己感兴趣的话题，他们常常会情绪激昂地参与进来，这样有利于进一步的交流。

第三章
知己知彼,打赢心理战

俗话说"人心难测""知人知面不知心",其实人心并没有那么隐秘,因为无论怎样隐瞒真相,无论怎么隐藏本心,总会露出马脚,这就是人。如何洞察人的心理,让自己不论在什么场合都能旗开得胜,这就是博弈遇上心理学的奇妙之处。

1. 透过眼睛，探知心灵

人们常说"眼睛是心灵的窗户"，眼睛与人们的思维和情绪有着非常密切的关系。当一个人的情绪、思维发生变化的时候，他的眼睛也会产生一系列相应的复杂变化，比如视线转移、瞳孔变化等，这些现象通常也说明人的心理在发生变化。

德国著名心理学家梅赛因明确指出：眼睛是了解他人的最好的工具。一般来说，眼睛的活动能够准确、真实地反映出个人的心情。嘴可以说谎，但眼睛不会。一个有经验的警察通过对人的眼睛的观察，能够在如潮的人流中，准确判断出谁是不法分子，他们认为，那些心怀不轨者总是下意识地四处观望，关注别人的口袋或者身上的饰品。

哈佛大学肯尼迪政府学院的心理专家朱丽亚·明森等人对于人的眼神进行了深入的研究，研究结果表明，眼神交流能够加强两人之间的情感联结，比如在妈妈和婴儿之间，眼神交流能够使他们建立情感的纽带，或者在一个喧闹的酒吧里，两个人暧昧的眼神交流能激活大脑的愉悦中心。另外，此项研究还得出一个结论，在人与人的相处中，由于心情的变化，眼睛的活动也会有不同。

一对彼此喜欢但关系并未明朗化的男女，虽然心里十分喜欢对方，但由于不知道对方的态度，害怕自己被拒绝，或者因为比较害羞，所以往往不敢长时间地看着对方，通常只是进行匆匆一瞥，目光马上就游移到别的地方，或望天，或瞧地……如果有一方敢于长时间地凝视对方，那么他通常是恋爱的老手。

观察人的眼神是一件非常有趣的事情，在与人的交往中，我们不仅可以从中了解到对方的情绪，而且能够看出对方对我们的态度。比如，对方自始至终都未怎样看过你，那么他一定是瞧不起你；如果对方的目光游移不定，那么，即使他笑容满面、表现得很热情，他也并未对你有太大兴趣，在他看来，与你交往是一件乏味的事情，他希望赶快结束和你的接触；如果对方一直审视你，那么你已经引起了他的兴趣；如果对方对你虽然和蔼可亲，然而他的眼睛让你觉得不露真心、深不可测，那么他可能对你有些意见。

此外，我们还可以通过一个人的眼部活动，来判断他的言行与内心是否一致。当一个人说话的时候向右上方望是在用左脑回忆，说明说的是实话；向左上方是在用右脑"创造"，说明在说谎。

总之，人的眼睛会将个人的内心世界暴露出来。博弈心理学家非常懂得利用这一点，他们能够通过一个人的眼睛在一定程度上了解一个人。他们认为，在一般情况下，两眼对称，外形稳定，与面部其他器官搭配起来比较和谐的人，做事情往往中规中矩，有明确的目标、合理的计划，因此他们大都是成功者。

眼睛作为一个生理器官，却可以反映人的心理状态。满怀希望的人，眼睛明亮、眼神有力；悲观绝望的人，目光呆滞、眼神混浊；乐观开朗的人，眼睛转动灵活、目光清晰、眼球水汪汪的；忧伤难过的人，眼睑下垂，目光无神；诚实自信的人，眼神坚定……

一个人的情绪固然是看不见摸不着的，然而，眼睛的活动变化却是我们可以观察到的。从眼睛了解人的情绪是我们认知他人情绪的一个有效途径。在与别人交往的过程中，注视别人要掌握正确的方法，就可以通过观察别人的眼睛，读懂他的心理状态。

2. 话不在多，而在精

现实生活中，有的人口若悬河，有的人沉默寡言。在大多数人的观念里，喜欢说话总比沉默不语要好，至少看上去情商要高一些，人际关系也更和谐一些。表面上看，这似乎有些道理，但仔细一想，就会发现这其中的问题。

"喜欢说话"和"会说话"并不一样。事实上，真正"会说话"的人，并不是那些"喜欢说话"的人，他们大多都是该说的时候才说，而且一说就能说到点子上，能发挥关键的作用。而到了该沉默的时候，他们一定会沉默。

说话是一种权利，更是一种责任。"夫者存亡，嘴舌有责。""嘴舌"作为一个人存亡的不可忽视的部分，当然与权与责不可割断。但人有说话的权利和责任并不说明人就可以肆无忌惮地胡言乱语。

说话要有分寸。每个人都有嘴，但不一定每个人都会说话，并且把话说得很有分寸。在这个世界上，有不同的人和事，也就有不同的禁忌。生活有禁忌，做人有禁忌，说话更应该有禁忌。如果说话没有禁忌，大家都口无遮拦，毫不考虑后果，那么社会就没有秩序可言了。说话的禁忌说到底就是分寸的禁忌。

俗话说得好："凡事都要有个度。"说话也一样，也要根据时间、人物、事件、地点的不同，相应地调整其长短轻重、严松快慢，这样才叫说话有分寸。有了分寸，才能把话说圆满。而有说话者总要有听话者，也就是说，一个人"张嘴说话"时最少要面对一个以上"听话"的人，说话的目的是要向对方传送某种信息，如果没有分寸，你传送的信息就会出现偏差。从这个意义上讲，把握好说话的分寸也就是把握好说话的禁忌。讲话不但要注意对象与你关系的亲疏、辈分的高低、性别的异同，尤其讲话的音调、修辞用字的轻重，都要有分寸。你没有拿捏好分寸，就很可能给自己找麻烦。尤其是当你求人办事的时候更要注意，这样才会顺利办成事。

《墨子》里有这样一则故事。子禽问："多说话有好处吗？"墨子答道："蛤蟆、青蛙、苍蝇整天都在叫，即使口干舌燥，也没有人去看它们一眼。与之相反，我们再来看看公鸡，它每天一到黎明就打鸣，结果，全天下的人都被它惊动了。你想想，多说话有什么用呢？只有在适合的时候，说适合的话才是有用的。"

所以说，在适当的时机、适当的地点说出一番适当的话，小则可以改变一个人的命运，大则可以改变整个历史的进程。在现实生活中，这样的例子更是举不胜举。

中学生小赵整天没心思上课，还经常纠集一些社会闲散人员，到处横行霸道，专门打架闹事，甚至连很多老师都不敢得罪他，于是小赵更加肆无忌惮。为此，小赵的父母也忧心忡忡，他们也不知道应该怎样教育儿子走正道。

新学期，学校来了一位新的训导主任，这是一位研究心理学的专家，研究方向正好是"学生训育和生活指导"之类的课程，于是校长便派他去指导那位全校出名的"刺头"。训导主任从小赵的父母那里了解到：小赵本性不坏，从小就喜欢打抱不平。于是他想到一个好主意。小刚是个平时总跟小赵寸步不离的学生，他决定从小刚身上入手，来解决小赵的问题。

有一天，训导主任把小赵叫到了他的办公室，小赵心想新老师肯定还是像以前的一样，因此他也像以前一样满不在乎。然而训导主任并没有训斥他，还为他倒了一杯果汁，然后装出为难的神情对他说："唉，真不知怎么开口，老师现在有点事要麻烦你。"小赵听到这番话非常惊讶，并且兴高采烈地问道："什么事啊？"训导主任说："我听说小刚一直不好好读书，最近还有人说他经常欺负低年级学生，我刚来到这所学校，还不熟悉学生的情况，无法顺利开展工作。我听你父母说你有一副热心肠，所以想请你帮帮忙，替我劝劝小刚。"

这番话完全出乎小赵的意料，他本来是抱着听训的心理来的，但没想到新训导主任非但没有训斥他，反而还非常信任和器重他。回想原来的那些训导主任，对自己不是冷嘲热讽，就是冷若冰霜，心里就有了一些感动，他认为这位新训导主任很够"朋友"，自然也就一口答应了老师的请求。

从此以后，小赵成了助人为乐的好学生，自己的坏习惯也慢慢地都改正了，不但完成了老师的请求，他自己也获得了成长。

历史上，面对高高在上的君主，很多名臣都曾面临过说与不说的抉择。尤其在涉及道义问题的时候，这种抉择往往变得非常艰难。因为一言不慎、杀身成仁者，历朝历代都有。尽管这些人因此青史留名，但毕竟是悲剧一场。"伴君如伴虎"一句话，道尽了忠臣良将们的尴尬与无奈。在说与不说的问题上，确实集中反映了一个人的智慧与谋略。

汉高祖刘邦生前为了防止将来吕氏专权误国，曾与吕后和大臣们杀白马盟誓，非刘氏子弟不得封王。高祖死后，吕后果然独揽大权，想立吕姓子弟为王。于是，她就问王陵是否可以，王陵直言不讳地答道："当年白马盟誓，非刘姓不得为王，因此此事不可行。"吕后听了很不高兴，转而去问陈平，陈平答道："如今是太后执掌朝纲，凡事您都可以自主。"听了这话，吕后非常高兴。

不久之后，吕后贬谪王陵，封了很多吕氏家族的子弟为王。事后，王陵责备陈平："当年高祖盟誓的时候，你也在盟誓者之列，如今为何违背誓言？你是要靠谄媚而谋取高位吗？"陈平笑着说："不是这样，在众人面前触犯太后之威，我确实不如你有胆量，可将来辅汉安刘，你就不如我了。"

果然，吕后死后，诸吕妄图犯上作乱，正是陈平、周勃等人及时挺身而出，剪除诸吕，拥立汉文帝即位，才保全了刘汉天下。

在面对吕后不怀好意的询问时，陈平与王陵的态度完全不同。王陵仗义执言，傲骨铮铮，这虽然让吕后无话可说，但也使自己遭到贬谪的命运，无法继续控制事态的发展。反观陈平，他以妥协的方式，保全了自己的实力，并且为将来剪除诸吕积极运筹，最终实现了辅汉安刘的诺言。这样比较起来，王陵之略"方"，陈平之略"圆"。从道义的角度来说，王陵确实更加令人敬佩；而从谋略的角度来说，陈平的做法才是真正聪明的。

兵书有云，兵不在多而贵于精，一支以一敌百的精英小队，战斗力和战斗效果绝对要胜于一群人数庞大的乌合之众。说话，无疑是人与人之间心理博弈的"战斗"，你来我往，唇枪舌剑，如果想要克敌制胜，就必须要懂得，话不在多，而在于精。

3. 识破掩饰性笑容

在文人墨客的追捧中，微笑既可以缓解精神紧张，又可以拉近人与人之间的距离，既可以驱散愁闷，又可以带来愉快心情……可是，心理学家和医学家们又提出了另外一种意见：任何一种表情，如果超过5秒钟，基本上都是假的。假笑，完全可以通过大脑控制面部肌肉实现。换句话说，你对面那个人在对你笑，或者一个人窃笑，这个"笑"很可能是危险的信号，他需要通过笑来掩盖内心的真实想法，或者用笑来蒙蔽你，导致你无法正确判断他的真实意图。

很多人认为罗纳尔迪尼奥是世界上最优秀的足球运动员，他是世界足球先生，巴西国家队的灵魂。也有很多人只是通过他灿烂的、毫无拘束的笑容才认识了他。他的笑容，似乎脸部的所有肌肉都在绽放，再加上他参差不齐的洁白牙齿，都决定了他独一无二的魅力。

迪埃格是德国一家"笑容研究所"的专家，在他看来，罗纳尔迪尼奥的天赋就蕴藏在他的笑容中，他利用笑容来缓解球场上的压力。罗纳尔迪尼奥也因此拥有了更强大的气场，并成长为世界上出色的足球运动员之一。而另一位专家提泽则认为，罗纳尔迪尼奥的笑容也是一种计策和谋略，对手一定不要被他的笑容所迷惑，因为在笑容背后隐藏的不全是友善。提泽在罗纳尔迪尼奥参差不齐的牙齿背后看到了如同野兽一般的侵略本能："在罗纳尔迪尼奥身上，虽然不存在动物的侵略性，但我们可以从中看出他在球场上所给予对手的威胁和攻击性。"事实上，罗纳尔迪尼奥确实曾经这样评价自己："我很可恨，但是我也同样招人喜爱。"看来他并不否认，自己独特的笑容中隐藏着他笑傲球场的强大自信。

笑有很多种，无拘无束纵情的笑，是狂笑；不愉快而勉强做出的笑，是苦笑；藏在心里不公开的笑，是暗笑；狡猾阴险的笑，是奸笑；开朗的笑，是微笑；无意义的一味地笑，是傻笑；轻蔑讽刺或无可奈何的笑，是冷笑；故意做出的不真实的笑，是假笑。以上这些笑容很好区分真假，但有些则难探出虚实。

美国社会心理学家丹尼尔·吉尔伯特被人们称为"微笑教授"，这位50多岁的研究者建立了一个实验室，目的是研究人类笑容的本质。丹尼尔教授认为：笑是一门大学问。有些笑容我们一眼便可知是否发自内心，例如，有人"哈哈哈"的开口大笑，此人一定性格开朗，内心愉悦。但在不太自然的情况下的大笑，除了难脱高傲、放纵之嫌外，还暗含着别有企图。报着嘴笑的人，有时是故作的矜持，刻意显示他的优越感。这种人可能容易轻视他人，而且丝毫不加掩饰，不谙人心理的微妙之处，是独善其身的人。发出"哧哧"笑声的人，平常应该是温顺的人。他们是谨慎保守的老好人，会在别人背后帮忙。如果故意这么笑的话，就有嘲笑人的因素在里头。

如果你仔细观察，还能看到一种"凝固"的笑容。对方在笑，可是笑容突然像冻僵了一样。这就说明，对方在"恐惧"。这种说法并不是空穴来风，而是有所根据。原始人在狩猎时，遇到动物的第一反应是静止不动，站在原地想策略。这个反应从原始人一直流传到现代人身上，使得今天的我们在感到威胁时，仍然会把静止不动作为防卫措施的第一步。比如说，你在现场观看马戏表演，当老虎或狮子等大型动物踏上舞台时，第一排的观众最初的反应绝对不是欢呼，也不是尖叫，而是张大嘴巴表现出短暂的"僵硬"。

当你发现一个人脸上的笑容突然僵硬的时候，说明他的内心产生了恐惧。他为了不被别人看破心思，所以还保持着笑，但是这"笑"已经冻僵了，成为机械的肌肉运动。如果你捕捉到了这个细节，应该乘胜追击，抓着他最"恐惧"的部分不放,突破他的心理防线。

笑容是复杂的信息编码,很多人分辨不出笑容背后的秘密。不过,只要你细心观察,也能看穿个中虚实,这就需要在与人交往中锻炼自己的一双慧眼。如果你能发现别人的微笑背后所掩饰的内容,也就不会被对方的笑容所蒙骗。

4. 表情是心理活动的晴雨表

俗话说："看人先看脸，见脸如见心。"在我们的身体上，没有哪一个部位能比脸更富有表情达意的作用。脸部表情还具有既真又假，既静又动，既先天定型又自由可为的两重性。从某种程度上说，脸就是一张反映个人情绪和气场的晴雨表。

美国心理学教授罗伯特·罗森塔尔和娜莉妮·阿姆巴迪进行了一项研究，证实了非语言信息的力量——表情的力量。这两位研究者给一组学生展示了 32 段不同的教师在课堂上讲课的视频剪辑，然后要求他们对这些教师进行评价。由于片段中的声音已经被扰乱或删除，所以学生们只能基于各个教师的表情对他们做出判断。

结果表明，参与实验的学生的评价和那些曾听过这些教师的课的学生的评价基本一致。尽管后者将其评定结果归因于教师的友好或清晰的思路，但此项研究表明，大多数学生的评价是基于表情交流形成的。

在人际交往中，面部表情真实地反映着人们的思想、情感及心理活动。而且，多数时候，人们的表情是下意识的，基本上难以抑制或隐瞒，可以用"情非得已"来形容。如果我们深入一点去研究，就会发现：原来一个人说谎时，他的面部表情已经出卖了他。通过对一个人面部表情的观察和分析，可以了解其内心的欲望、意图和状态，借此即可形成对他的客观认知。

春秋时期，齐桓公与管仲秘密商讨伐莒，不久却闹得举国皆知。齐桓公责问管仲。管仲说："朝内可能有高人。"齐桓公仔细想了想说："白天来王宫的役夫中，有位拿着木杵而向上看的，想必就是此人。"于是将这些役夫再次招来，并规定不许替代。过了一会儿，那个拿着木杵的东郭垂被召来了。管仲问他："说讨伐莒国的是你吧？"答道："是的。"管仲说："我不曾说要伐莒，你为什么说我国要伐莒呢？"答道："君子善于谋议，小人善于揣测。我是私自揣测的。"管仲说："你又如何猜测到的？"答道："我曾听说君子有三种脸色：悠然喜乐，是享受音乐的脸色；忧愁清静，是有丧事的脸色；生气愤怒，是将用兵的脸色。那天我遥望主君在台上，脸上带着盛怒的表情，这是将要用兵的脸色。君王叹息而下呻吟，所说的都与莒有关。君王所指的也是莒国的方位。小民猜测，尚未归顺的小诸侯唯有莒国，所以与人说出伐莒的事。"

人有五种基本表情：喜悦、愤怒、悲哀、恐惧、厌恶。五种情感真实地存在于心里，表现在外在的神情上，那么人们的真实情感就没办法隐瞒了。想想我们自己或他人是不是经常有如下表情反应：

1. 真正吃惊的表情转瞬即逝，超过一秒钟便是假装的；

2. 撒谎者不像惯常理解的那样会回避对方的眼神，反而更需要眼神交流来判断你是否相信他说的话；

3. 叙事时眼球向左下方看，这代表大脑在回忆，所说的是真话；而谎言不需要回忆的过程；

4. 明知故问的时候眉毛微微上扬；

5. 假笑时眼角是没有皱纹的；

6. 当面部表情两边不对称时，极有可能是装出来的；

7. 人撒谎时会感到面部不自然，目光飘移，额头总出汗。

看来，只要心思缜密如发，一切尽在不言中。通过表情探知一个人的情绪和心理活动，需要我们经过一段时间的学习和验证，因为有些隐晦的东西必须细心才可发觉，尤其是对方有意隐瞒、躲避的时候，例如说谎者在不到十五分之一秒内，脸上会出现非常鲜明、强烈的痛苦表情。这就是微表情，它们是在瞬间发生的非常强烈的隐藏表情，却能够准确反映一个人的心理变化。只有读懂了这些微表情当中隐藏的秘密，我们才能在和他人的心理博弈中，百战不殆。

5. 从小动作洞察人心

人的心理常常被比喻为演戏的舞台，倘若把追光灯照到的地方当成人的意识焦点，那些焦点的背后光线照射不到的"黑暗地带"，就是人类的深层心理区域。如果不能探索到这个黑暗的地方去，就无法真正了解人类的心理，要洞察对方的深层心理，就有必要了解语言之外的行为举止。

心理学专家通过研究发现：人类的沟通，更多的是通过他们的姿势、仪态、位置，以及同他人距离的远近等方式，而非面对面的单纯交谈进行的。确切地说，65％以上的人际交流，都是以非语言方式，即通过肢体语言来进行的。人类的肢体语言表达多为下意识的，是思想的真实反映，尽管有时它可能未能引起众人的特别关注，但是，事实上它的确在无声中传递了比有声语言更多的信息。

另外，肢体语言还有一个有声语言无法比拟的优势，那就是其真实性。"口是心非"的人不少，但是能够做到"身是心非"的人却不多。因为当一个人说谎时，他的身体向外界传达出了完全不同的信息，他的气场给你的感觉完全不像他所说的，你通过他的肢体语言就可以察觉到他在说谎。

美国一位研究肢体语言的学者为了研究"鼻语"，专门进行了一次长途旅行。他认为，在旅途中可以看到不同地区、不同年龄、不同性别和不同性格的人，而且陌生人之间很少会进行语言交流，因此大多数心理活动都会流露于身体语言。于是，这位学者每次经过车站、码头、机场等地，都会细心观察。经过一段时间的观察和研究后，他得出两点结论：第一，旅途是身体语言的实验室；第二，人的鼻子是无声语言的器官。根据他的

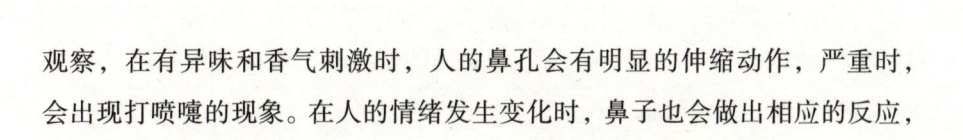

观察，在有异味和香气刺激时，人的鼻孔会有明显的伸缩动作，严重时，会出现打喷嚏的现象。在人的情绪发生变化时，鼻子也会做出相应的反应，比如鼻孔扩大或颤动。他认为，这些微小动作都是在发射信息。

此外，据他观察，一般高鼻梁的人，多少都有某种优越感，表现出"挺着鼻梁"的傲慢态度。关于这一点，一些影视明星表现得最为明显。与这类"挺着鼻梁"的人打交道，比跟低鼻梁的人打交道要难一些。

一个人的真实想法往往不会通过直接的言谈表达出来，但是不经意的小动作却能透露其中端倪。比如，谈话中很多人会用一只手撑着脸颊，这个动作反映出的信号往往是他没有办法专心听你讲话，他是用撑住自己脸颊的动作来控制自己，并且希望这个话题能快点结束，又或是他自己想要发言，因为你的谈话已经让他觉得不耐烦了。

喜欢用手不停地抚摸下巴的人比较喜欢思考，常常活在自己的世界里，一个人陷入沉思状态是常有的事。很多时候他并没有在听你讲话。不信的话就在他下次摸下巴的时候直接问他你刚刚讲了什么，他十有八九是回答不上来的。

习惯不停揉搓耳朵的人，性格通常不属于安静型，他喜欢的是做发言者，而不是做听众。揉耳朵传达的是这个人潜意识当中对你的话很不耐烦，他试图通过做什么来控制自己这种情绪的外漏，但这个动作却恰恰反映了他的真实心理。所以在这个时候，你最好停下来询问一下对方的意见，否则你说的话很可能他一句也没听进去，那你的口舌就算是白费了。

除此之外，还有很多人会在讲话时摸脖子、频眨眼、舔嘴唇，这些下意识的小动作反映出发言者对自己所发言论的不自信，不自信的发言往往会让人从潜意识里希望借助小动作来掩饰这种不自信。面对这样的发言者，一方面对他所说的话的可信度要采取保留态度，另一方面还要给他相对轻松的发言环境，使他消除紧张和疑虑。

反映真实心理的小动作还有很多：比如，一边嘴角上扬表示轻视、看不起；无意中伸出中指，表示对问题抵触或敌视；倒退一步或交叉双臂是对自己的话没有信心，是一种防卫和撤退的姿势；下意识抚摸自己的手是为了自我安慰、打消疑虑……

肢体语言传递信息的效果有时要比有声语言更加强烈，更不能让人忽视。心理学家告诉我们，肢体语言体现的是人的潜意识，这个人自己也很难控制。因此，人在说话时不经意表现出的小动作，或多或少都会反映出自己的真实心理。在与人交往时，我们要学会观察对方的身体语言，从而感知对方的真实意图。

也许我们并不能通过这些动作就能将对方的心思摸得一清二楚，但是至少可以通过这些动作发现对方的真实心理，从而根据对方的心理需求，判断话题的方向和真实性，识别对方的情绪和气场，从对方的行为、姿态、表情、服饰等方面，看出对方的内心情感和欲望，这是建立良好人际关系的基础。

6. 寻找幕后的操盘手

并不是每个人都能看清博弈中的对手。且在某些博弈过程中，我们遵守的多半是显规则，而实际上起作用的却是潜规则。那些存在于幕后的操盘手，往往在一开始就掌握了博弈局面的走势。如果你想在这种博弈中独善其身，最好寻找出幕后的操盘手，认清其面貌，明了这次博弈的实质，否则容易陷入困局，找不到出口。

来看一个部门投票选优秀员工候选人的事例。假设这个部门一共有4个正式员工，以及一个实习员工。女同事A是综合人员，在领导看来她是管理内务的，是部门里的老员工。男同事B执行外务，独立负责一片开发区的业务，也是老员工，他直接领导实习员工C。B和C的业务其他员工都不太了解，不了解具体怎么操作。男同事D也是独立负责某个地区的业务，相当于整个部门的"外交部部长"。员工E独立负责新地区的业务，负责的项目比较新，都是前沿任务，他是部门5个员工里，年龄最小却工资最高的。当员工E听说领导要他们在本部门投票选择优秀员工候选人时，他很快发现这是一个很有意思的博弈，在投票之前就推断出了最后的结果。他料到最老的一位男同事B肯定会当选优秀员工候选人，事实证明他的推断是正确的，但为什么E如此肯定呢？

他分析了这个部门的人际关系：女同事A和男同事B关系非常好，两人都是部门的老员工；男同事D工作能力一般，和大家关系也一般，且最近业绩不好，他还不认可女同事A，曾经和她发生过矛盾；劳务员工C直接受男同事B领导，他们的关系是上下级关系；自己和所有同事的关系都差不多。根据票数过半即被推选的规则，他根据这个人际关系判定男同事B肯定入选。

整个推断过程是这样的：首先，劳务员工C受到同事B的领导，在公在私，他都肯定会选他，得1票；女同事A和同事B的关系很好，她不可能选自己，选择别人又没有特别有说服力的理由，所以也会选B，得1票；员工E自己不会选择女同事A和男同事D，因为他对他们的业务比较了解，认为自己的工作比他们更累，根据自己不能选自己的原则，他自己也只会选择老员工男同事B，得1票。将自己的票数算在内，E很容易就得到结论，同事B会当选，其他人怎么选都无所谓了。但我们还是可以来分析一下：男同事D因平日在工作上不认可A，因此肯定不会选女同事A，他也不能选自己，就可能选E或者男同事B；男同事B选谁，不好推断，最大可能是选E，因为E的工作能力强，业绩有目共睹。

最终，男同事B当选了优秀员工候选人。

就此员工E发现了一个问题，假设领导已经选择男同事B做优秀员工候选人，为了让其他人心服口服，就决定让他们来投票，他为了保证B一定能当选，便把实习员工C拉进来投票，因为无论别人怎么选，C投给B的这一票是肯定存在的。假若领导真的是公平起见，没有选择B的打算，那么他应当让四个正式员相互投票。这样一来，没有了C给B投的决胜票，最终结果难以预料。E之所以看出了领导的意思，就是因为领导将属于B管理的实习员工C拉了进来。他的这个用意，其实很明显，是在偏向男同事B。既然领导早就做了决定，员工E就明白这场博弈对于自己而言，价值不大，所以索性依照原先的想法，投票给B。如此，领导高兴了，员工E自己也没有任何损失。

很显然，在这场博弈中，领导是幕后的操盘手，他控制了参与者的数目和人选，从一开始就是存有私心的，因此这场博弈的结果实际上早在他的掌控之中。一旦员工都像E这样看明白了领导的意图，博弈的结果就更加没有悬念了。说白了，这是一场没有太大意义的博弈。在生活中还有很多存在"潜规则"和幕后操盘手的博弈，只是有些人的双眼被利益所蒙蔽，看不清晰罢了。

博彩和赌博实际上都是具有潜规则的博弈游戏。其幕后操盘者就是规则制定者。

很多年前，在美国加利福尼亚州，曾有一名华裔妇女买彩票中了头等奖，赢得了8900万美元，当时创下了加州彩票历史上个人得奖金额的最高纪录。这个消息很快传开了，当地的很多人都涌向彩票站，彩票的销售量激增，彩票公司因此赚得金银满钵。但理性的人知道，在这场博弈中，彩票公司先付出了8900万美元，好像亏了不少，但因为这个消息，公司所收获的何止是这个数字的十倍？无论谁中奖，最大的受益者都是彩票公司，因为中彩票的概率是极低的，用概率学来计算，彩票公司是绝对利益的获得者。

福利彩票是社会为了筹集一定的福利资金，设置了高额奖项或奖金的博弈游戏。每次得奖号码的出现随机性很大，利用概率或者广撒网的方式或许能够提高中奖的概率，但大多数人，购买彩票的个人是不具备这种能力的。发行彩票，就是利用人们以小搏大的心理，促使人们以少量的金钱来博取大额奖金。比起赌博，彩票更容易为人们所接受，是因为它不像赌博那样是欺诈和非法的，彩票的输赢是公开的、透明的。因此，明明知道博彩的中奖率甚至低于到澳门赌博，很多人还是热衷于购买彩票，希望一夜暴富，成为万中挑一的幸运儿。发明彩票这种博弈游戏的创始者是最精明的人，这种道理就和精通消费者心理的商家在每件商品上都打折，而且推出购物中奖的促销活动类似，不但能降低成本，还极大程度地满足了顾客的侥幸心理。正是人人都有的这种侥幸心理，让博彩业发展得红红火火。

以博弈论理性人来分析购买彩票的行为，如何做是最佳策略选择呢？

人们无非只有两种选择：买或不买。从博弈的结果来看，选择不买彩票是理性的，选择买彩票是不理性的。假设你今天在回家路过的超市买了东西，口袋里剩了几元钱的零钱，路过彩票站，一时兴起，就买了两注彩票，尽管你心里无比肯定地知道购买彩票是不理性的选择，但你还是买了，这是为什么呢？大多数人会这样解释自己的动机：购买彩票花了不到 10 元钱，如果真能中 500 万元，就能完全改变我现在的生活状态，从此过上衣食无忧的日子。不中奖也没关系，也就是损失了几元钱的零钱，有时候被人偷了钱包，丢了钱还不止这个数目呢。且不中奖，对自己的生活状态也毫无影响，因此买彩票就算是不理性的行为，也无所谓。

这也就是博彩者的普遍心态，强调赢的效益要远远大于输的效益，当然，如果你只是偶尔买几元钱的彩票，利益的损失并不大，但若买上了瘾，越来越不能做出理性的选择，损失的利益会成倍增加。某个彩民中彩是概率极小的随机事件，这种看起来只需要付出少量金钱代价的活动使得人们不自觉地选择了随性而为，自己的选择理性无法发挥，也就正中幕后操盘者的下怀。

综上所述，如若是愿者上钩，博弈论掌握得再好，也是枉然了。

7. 备周则意怠，常见则不疑

在与人博弈时，你的对手往往也希望得到最好的结果，这时候，他就会做出相应的防备，掌握许多相关信息，甚至有可能猜测到你的真实想法。

在这种情况下，你就要做出相应的调整，因为博弈中取得胜利的关键在于信息的掌握程度。信息缺乏或信息有误，会直接影响到决策的结果，所以，在进行博弈时，你可以制造一些假象，让对方接收到错误或虚假的信息，使他在认知和判断上出现错误。这样一来，对手的策略也就会做出相应的改变，进而出现博弈上的偏差和失误，而你就可以顺利实施真实的行动，收获最大的利益。

在1929年到1936年之间，法国耗资50亿法郎，在南起意大利和法国边境，北至法国和比利时边境，修筑了一条近700千米的坚固防线，这就是大名鼎鼎的马其诺防线。

之所以要耗费巨资来打造这条防线，是因为一战给法国造成巨大的损失，也带来惨痛的教训，为了减少战争带来的损失，法国才决定全力打造一个固若金汤的防御体系。

二战时期，当德国在欧洲大陆再次发起侵略战争时，法国意识到自己迟早会被卷入战争的旋涡之中。为了更好地阻止和防御德军的进攻，必须做好事前的防御准备，这更直接促成了马其诺防线的修筑。

马其诺防线修筑成功之后，便立即投入备战状态。整条防线内部的技术十分先进，炮塔、弹药房、指挥部、宿舍、医院、食堂、电影院一应俱全，里面的武器也是最先进的，作战力量很强，不愧为全能的防御—进攻体系。

对于如此强大的防御体系，法军很有信心，他们认为马其诺防线坚不可摧、攻不可破，是完美无缺的防御力量，认为德军根本不可能越过马其诺防线，以至于举国上下大有高枕无忧之安逸。

无论是国家领导、军方，还是平常的法国民众，都对马其诺防线很有信心，而且想当然地认为德军一定会进攻马其诺防线，因为马其诺防线将法国西部整个护在防御圈之内，德军不会劳师动众地绕过防线进攻法国。这样一来，法军完全有可能在国境线上展开战斗，收获胜利的果实。

面对法国强大的防御力量，德军也深知绝对不可从正面发动进攻，与法军硬碰硬只会造成更大的损失。其实德军原本也没有打算从马其诺防线入手，他们将目光瞄准了比利时的阿登山区，可是又担心英法联军早就会在这个地方部署重兵，突袭不成还会招来马其诺防线上的援兵，实在不宜贸然进攻。德军为此制定了一系列作战方略，最后终于敲定瞒天过海之计。

德军先用一支小分队正面进攻马其诺防线，并且不停地骚扰法军，给对手造成德军即将大举进攻的错觉，从而牵制法军的注意力，暗中则调动强大兵力，向防守相对薄弱的比利时阿登山脉进军。

在阿登山区，德军从一开始就表现出进攻的欲望，却迟迟不发动攻势，这又给法军造成错觉。法军认为德军在进行佯攻，主要目标还是马其诺防线，结果没有在阿登山脉做出重点防御。

不多久，德军就利用闪电战，顺利攻占了法国北部，然后趁势绕到马其诺防线的后面，攻击法军，同时拿下巴黎，结果法军溃败，马其诺防线也根本没有发挥应有的作用，更成了牵制法军抵抗德军的障碍，最终成为世人的笑柄。

马其诺防线的真实力量毋庸置疑，即便今天做出假设，德军当年如果正面进攻防线，那么取胜的机会根本不大。但德军却用瞒天过海之计成功攻占阿登山，完全绕过马其诺防线，顺利攻占法国。

人们在进行博弈时往往会使用瞒天过海的计谋迷惑对手，隐藏自己真实的意图，让对手做出错误的决策，从而使自己获得最大的利益。瞒天过海之计的关键就在于示假隐真的迷惑性，用以麻痹对手，其法往往在常理之中，却出于意料之外，能够达到出奇制胜的效果。

在政治斗争、战场、商场、职场中都会应用到这个计策，决策者往往会利用手中所掌握的对手的信息，进行深入分析，充分了解对手的特点，然后制定计谋，制造假象来迷惑对手，而隐藏自己的真实意图和想法，等到时机成熟时，再突然发动攻势，展示自己的真实动作。

因为瞒天过海之计应用比较广泛，在实施的时候需要注意几个问题，不能随心所欲地使用。

1. "示假"应当自然合理

进行博弈时，迷惑对方的第一步就是示假，而且一定要做到自然，要让对方觉得你的行为、想法很合乎常理，"示假"的内容能够迎合对手的心理，不会存在明显的硬伤和纰漏，这样就可以很好地麻痹对方。如果示假行为太过明显，就会被对方轻易看破，甚至利用你的失误，反过来用计对付你。

2. 充分了解你的对手

知己知彼，才能百战百胜。了解你的对手，善于抓住对方的心理，才能对症下药，这样示假才会成功。如果对手足够精明，那么你的示假行为一定要更逼真，否则不能起到迷惑作用，所以说示假的行动一定要视对手而定。

3. 要有创新精神，不要使用一成不变的招数

与老对手进行博弈时，相互之间都知根知底，很难从对方那里占到便宜，这时候，你不能走老路，实施老套的欺瞒方法，而应该积极改变博弈方式，对原来的策略进行改进和创新。

博弈是一种心理战争，它追求的是在充分考虑、利用对手的心理的前提下取得最优的结果，而且是在常理之下的分析和决策，将瞒天过海的计谋运用到博弈中，往往会取得理想的效果。

第四章
应用进退策略，扭转彼此的思维

俗话说："生死存亡人生路，进退选择一念间。"该进时则进，该退时则退，一生就能畅通无阻，所向披靡。反之，终身都会枉费心机，一事无成。明智的韬略家总是善于进退，"见可而进，知难而退"，"力能则进，否则退，量力而行"，进退之际，如履薄冰，博弈之间，稳操胜券。学会退让才能更好地前进。会生活的人，并不一味地争强好胜，咄咄逼人，寸步不让，而是在必要的时候宁肯后退一步，做出必要的自我牺牲。

第四章 | 应用进退策略，扭转彼此的思维

1. 进退有度才不至进退维谷

春秋时期，晋国和楚国为了争夺霸主地位，不断发动战争，夹在两个大国之间的郑国，力量弱小，经常会受到两国的进攻。为求自保，郑国不得不依附大国，有时候投靠楚国，有时候依据时局发展又转而投靠晋国。

公元前597年，郑国投靠了晋国，这让楚国极度不满，于是以此作为借口，对郑国发动战争，并迅速包围了郑国。弱小的郑国只能向晋国求救，作为盟国的晋国本来就有伐楚之意，于是就准备卷入郑楚两国的战争中，替郑国解围。

晋国出动大军向楚国行进，但是途径黄河的时候，突然传来消息，说郑国迫于压力已经与楚国订立盟约。晋军听说这个消息后，部队中很快就产生了分歧。以上将军士会为首的一批人认为，楚国实力强大，现在并不是进攻楚国的好时机。但是有些将领认为士会有些胆小怕事，既然大军已经出动，哪有退缩的道理。他们认为晋军一旦撤退，肯定会受到其他国家的嘲笑，况且晋军不一定就会战败，而士会的话只是在长他人志气，灭自己威风。

面对那些执意攻楚的人，士会据理力争，他说："见可而进，知难而退。"他认为这样才是治军的合理方案。不过这些将领并没有听从他的意见，反而一意孤行，贸然对楚国发动进攻。当他们意识到错误的时候，再下令撤退为时已晚，最终惨败而归。

晋军的其他将领不懂得进退之道，不能忍一时之气，没有听从士会的劝告，结果进攻不成，反而吃了败仗，给晋国造成重大的损失。

《孙子兵法》中说："合于利而动,不合于利而止。"意思是说,符合自己的利益就立即行动,不符合自己利益就停止行动。选择了正确的道路,符合了自己的利益,就坚持下去,这个道理很简单,大多数人都很容易做到。但是当选错了路,尤其是为此付出了很多以后,许多人就不愿意放弃了,因为他们觉得自己已经付出了这么多,如果放弃,就只能接受损失,而如果不放弃,也许还可以寄希望于"万一",结果损失更加惨重。

真正高明的军事家能够"识时务",懂得以大局为重,不争一时得失、荣辱,他们深知能够笑到最后的才是最终的赢家。战争中,应该沽时而动,必须对形势有一个清晰的了解,充分掌握博弈对方的信息,什么时候该进攻,什么时候该退守,一定要把握好分寸,绝对不可意气用事,逞一时之勇,以免造成不可挽回的败局。只有做到进退有度,才能更好地把握战争局势。

后退并不是投降,而是一种理性的战略规划,战场并非总是一帆风顺。局势不断变化,优劣之势也经常转移,有时候,因为形势所迫,战争局势可能于己不利,这时更应该懂得忍耐,不要盲目出击,而应该坚决退守,静待最佳的战争时机。

光滑的墙壁上,一只蚂蚁在艰难地往上爬。爬到一大半,忽然滚落下来,这是它的第七次失败。然而过了一会儿,它又沿着墙角,一步步往上爬了。

有个人一直注视着这只蚂蚁,他禁不住说:"一只小小的蚂蚁,这样执着顽强,真是百折不回啊!我现在遭到一点挫折,能气馁退缩吗?"他觉得自己应该振奋起来,勇敢地面对他在生活中遇到的那些困难。

第二个人注视着这只蚂蚁,也禁不住说:"可怜的蚂蚁,只要稍微改变一下方位,它就能很容易爬上去;可是,它就是不肯看一看,想一想……唉,可悲的蚂蚁!我正在做的那件事,一再失利,我该学得聪明一点,不能再蛮干一气了——我是个人,是个有头脑的人。"果然,他变得理智了,他果断地放弃了原先错误的决定,走上了新的道路。

第一个人跟那只蚂蚁一样，虽然不断失败，勇敢地坚持，但是因为墙壁太光滑了，无论怎么努力，也不可能取得成功。而第二个人则知道自己的坚持是犯了错误，所以就立刻改正了原来的错误，走上了一条新的道路，最后终于取得了成功。其实成功的道路不止一条，如果发觉自己做的是错误的事情，即使已经取得了一定的成就，也可以毅然决然地退出，重新选择一条正确的道路，走向成功。

　　雨果说："尽可能少犯错误，这是人的准则；不犯错误，那是天使的梦想。尘世上的一切都是免不了错误的。"每个人都不愿意犯错误，但是每个人又不可能避免错误。当我们意识到自己可能正走在错误的道路上时，我们要做的不是忏悔，而是能够果断地退出，能够及时地改正，使错误造成的损失最小化，从错误中吸取教训，选择正确的道路。

　　每个人都有面临选择的时候，也并不是每次都能选择正确的方向。当我们发现自己的选择是错误的时候，或者按照目前的方向走下去，成功的希望很渺茫时，我们就应该迷途知返，知难而退。能从错误中及时地解脱出来，做出正确的选择，才是智者的行为。

　　司马迁说："当断不断，反受其乱。"当一个人明知道自己走上了不正确的道路，却不及时反思，不及时做出正确的决定，就会在错误的泥淖之中越陷越深、无法自拔，导致最终的惨败。

2. 不可过度相信判断力

什么是判断力？判断力就是分析判断的能力。而判断力也并非都是正确的，在一定的情况下可能会失误，人的心理、情绪、掌握信息量的多少都会影响判断力。人心善变，对于同样的事物，有的时候讨厌，有的时候喜欢，一会儿怀疑，一会儿又相信。最不安定、最不可信的就是人心。而随着情绪的变化，思考也会出现偏差，从而影响判断。

有的人认为做一道数学题，只要运用好已知条件和隐含条件就可以得出正确答案。判断也是如此，只要掌握大量的相关信息就可以做出准确的判断，尤其如今信息网络这么发达，只要全面搜集客观信息，在数据与实例的基础上进行判断，就可以避免失误。但事情远远没有这么简单。

克莱尔蒙特大学的斯图尔特·奥斯坎普博士曾做过一个实验，证明了我们的判断力究竟是多么不可靠。他将名叫"基德"的真实人物的相关信息告知被实验者（临床心理学家18人、心理学专业研究生18人、心理学专业本科生6人），让他们推测基德的性格。当越来越多的信息告知被实验者的时候，被实验者对于自己判断的结果越来越有信心，但实际的正确率却并没有提高，只有确信程度在不断攀升，但确信程度和正确率之间没有确切的关系。

这个实验证明了信息多但未必都正确，虽然掌握的信息越来越多，但不一定越能得出正确的结论。因为不论增加多少新信息，人的思考都还是围绕自己最初的判断，不会改变多少，换言之，人们总会有意无意地坚持自己刚开始的认识和判断。比如大多数人都以第一印象去判断别人，来决定自己对这个人的喜恶，即便后来慢慢有所了解，但第一印象也不容易改变。既然信息的多少无法决定结论的正确与否，我们也无法判断准确，还不如索性根据最初的判断行事。做过数学选择题的人都知道，有时候第一次读完题的时候，就下意识地已经有了答案，但觉得没有经过深思熟虑的题可能不对，于是开始深入地思考，并在两个答案之间徘徊不定，最终还是选择思考之后的答案。等考试结果下来的时候发现，正确的反而是自己凭直觉选择的答案。

很多时候人类的直觉都是正确的。曾经一位一级方程式赛车手正在赛道上驾车狂奔过急弯时，他突然间做出了一个让自己吃惊的动作——猛踩刹车。他不明白为什么自己刹车的冲动远远超过了想赢比赛的冲动。等到事后他才明白，有几辆车堵在了他转弯后的赛道，这一脚刹车救了自己的命。为什么会有这样的行动呢？心理学家帮助他在脑海中重现当时的心理过程，原来当时他潜意识里有一个不同寻常的现象：在本应该热闹的赛场上，兴奋的观众们应该热烈地为他欢呼，但是没有，观众们都在惊愕地注视前方。他的无意识感受到了这个异象，却并没有深入地思考这个问题，去判断前方到底发生了什么事情，只是迅速地踩了刹车，是这样敏锐的直觉救了他一命。

有时候，成见也会影响一个人的判断力。心理学家曾做过一个关于英裔加拿大学生和法裔加拿大学生的实验。实验的过程是在不见面的情况下，通过录音带的声音来判断一个人的性格特点。心理学家告诉实验者们，一共是10个人朗诵同一篇文章，其中5人用的是英语，另外5人用的是法语。其实学生们并不知道，实际上是5个人分别用两种语言朗读。结果心理学家发现，同一个人用英语朗诵时，人们说他个子高、有风度、聪明、可靠、亲切、有抱负，而用法语时，人们的评价就没那么高了。为什么都是同一个人朗读，朗读英语就得到正面的评价，朗读法语却不是呢？因为在加拿大，人们对英裔加拿大人和法裔加拿大人的看法和态度是不一样的，人们对此的成见影响了他们的判断。

在生活中有很多这样的例子，比如有的公司在招募有关数学计算职员的面试中，即便女性应聘者和男性应聘者有同等的能力和学历，招募者大多也会选择男性应聘者，因为他们判断的基础就是：男人的计算能力肯定比女性好。在销售界有时也会发生这样的情况，有的销售员常常以客人的衣着来判断顾客的购买能力，因为他们觉得衣着普通的人可能没有能力购买自己销售的贵重商品，所以态度冷淡。

我们有时候会看到这样的新闻报道，打扮朴素的大爷背着破旧的旅行包去买车，销售员不理睬，再次询问的时候，态度也不热情，介绍得并不详细，当老大爷从旅行包里掏出大量现金时，销售员才后悔。还有穿着朴素的大妈去银行存钱，工作人员连问都不问就让大妈去自动存款机存，当大妈再次询问大额现金怎么办时，工作人员还是表现得很不耐烦。因为这个工作人员根据穿着和年龄判断，这个客户也许并不是什么大客户。当大妈说自己要存两百万时，工作人员才慌忙地接待。

因此，我们不能过度相信自己的判断力。人的心理变化、情绪掌控程度、掌握信息量的多少都会影响判断力，如果你轻易地下定论，那么你很可能会成为博弈的失败者。比如你刚进公司，并不了解同事们的性格，有的人已经告诉你某同事各种各样的缺点。面对这样的情况，你可以点头表示附和，但心里不要种下成见的种子，更不要轻易就判断出某同事不能交往，要自己去观察了解，去交往判断，也许这个同事还会成为你暗地里的支持者。

不要让他人的错误信息影响了你的判断，更不要让失控的情绪扰乱你冷静的思维。只有时刻保持着敏锐的洞察力，你才能成为生活中的智者。

3. 人们喜欢与众不同的东西

有句古话叫：物以类聚，人以群分。人类在物竞天择、适者生存的演化进程中形成了一种区别同类与非同类的能力。而在进行"区别"的过程中，那些与众不同的事物则很容易引起我们的兴趣。

人们喜欢与众不同的东西，喜欢追求个性，这是一种求新、求异心理的反映。从心理学上说，每个人都希望在他人心目中形成"自我"，以引起别人的兴趣和注意，于是在社会活动中就通过不同的方法和途径来表现自己的个性特征，同时产生了一种追求商品的新颖、奇特和趋于时尚的心理。

为了突显出自己的与众不同和形态优势，于是一些人穿上"奇装异服"。他们借助于服装，借助于社会公认和许可的审美手段，在社会认可的准则范围内突出自己。一方面，人们通过追求标新立异的服装来表现自己的与众不同，使自己的身份超然于那些不如自己的人，仿佛一件不同于他人的服装就能让自己的心理变得强大起来。另一方面，流行又是一种自我保护的方式，试图用与众不同来避开和弥补自己的不足。因此，人们喜欢与众不同的东西，追求有个性的服装，这也是对自卑心理的一种克服和超越。

不仅是我们人类，连动物也对与众不同的事物感兴趣。位于佛罗里达的耶基斯灵长类研究中心的理查德·达文波特博士，对四只18～24个月的黑猩猩进行了研究和考察。在实验前，他准备了三个托盘，其中两个托盘是一样的，只有一个托盘有所不同，然后在托盘中放入不同的物品，分别是火柴盒、缎带、软木。当实验人员将装上东西的托盘放入笼子里时，黑猩猩只对与其他两个不同的那个托盘显示出兴趣，而不关注托盘中的物品。

在第二场实验中，实验人员准备了三个同样的托盘，托盘上只有缎带，只不过有两个托盘的缎带的颜色是一样的，而另外一个托盘的缎带颜色不一样。不同的实验，结果却是一样的，只有装着那个不同颜色的缎带的托盘才会被黑猩猩选中。很明显，黑猩猩也和人类一样都具有这种区别非同类的能力。

与众不同的东西让人一眼就看出其特殊性，所以在面试或者工作的时候，要想引起人们的兴趣，使自己在众多的求职者中脱颖而出，就要使自己成为最显眼的存在。也许你的对手也想到了这一点，那么你可以从细节上取胜，比如女士可以有一款特殊的香水、男士可以有一条特别的领带、一本别人没看过你却能侃侃而谈的书，甚至，一枚精巧别致的书签，都有可能成为你吸引别人的法宝。

要想醒目就要有所差别，一旦引起别人的好奇心，你就成功了一半，因为对方会主动对你进行探寻。同样，销售一件商品也是如此，一件东西如果仅仅有内在的价值，没有与众不同的地方是很难卖出去的。因为并不是每个人都能一眼看出其中的价值，"买椟还珠"说的就是这个道理。

大多数人都有一种从众心理，喜欢随波逐流，看到人们都去哪个地方，即使不知道为什么他们也要跟着去。所以推销一件东西时，你可以通过赞美它来引起人们对它的渴求，也可以通过包装它来提升它的价值，或者你可以利用人们都觉得自己是行家的心理，宣称只把物品卖给内行的人，因为人人都相信自己是行家。即使不是行家的人，那种想成为行家的渴望也会激起他们的购买欲望。每个人都喜欢追求与众不同的东西，因此，独特之物更能刺激人的品位和心智。

其实，与众不同就是有特色，既然人们喜欢与众不同的东西是一种自然的指向性，那么有特色的事物就容易被人们接受。从艺术上有特色的作品，到生活中有特色的服饰、语言；从商业上有特色的产品，到管理上有特色的服务、教育；等等。这些都会让我们深刻地认识到：只有有特色才会被认可，才有助于成功。

纵观古今，因自己的与众不同而获得成功的例子有很多。我国有许多著名的书法家，例如郑板桥，他的画不仅闻名于世，其书法作品也很闻名，被称为"板桥体"，他的字以隶书与篆、草、行、楷相杂，用作画的方法写字，形成了自己的风格，是独一无二、无可替代的。设想郑板桥当初如果只是用隶书或行楷，即使和名人写得一模一样，恐怕也不会在书法界有如此大的成就。

再如现在竞争激励的餐饮业，如果没有与众不同的地方就随时有被时代淘汰的可能。如果你现在还是保持着传统的经营模式，那么你应该改变一下策略，转变思维方式，走一条与众不同的道路，虽然对方可以模仿你的经营模式，却模仿不了你的思维。

例如现在一些主题餐厅业绩很好，究其原因，就是因为每一个主题餐厅都有自己的特色。有的是以爱情为主题的餐厅，吸引了很多情侣来用餐，有在店内装饰上体现民族风格的餐厅，更有专门为白领女性提供免费营养减肥套餐的餐厅。这些餐厅之所以能在金融危机的影响下，保持较好的业绩，就是因为他们知道如何突出店中的特色，迎合顾客的需要。

由此可见，人们都喜欢与众不同的东西，那些没有特色的、大众化的东西，大多因经不住时间的考验而慢慢消失。所以，想要成功，就要抓住人们喜欢与众不同的心理，比你的对手更有特色，因为有独到之处的东西，才能吸引人的眼光，慢慢被人们欣赏，如传世的美酒一般，留在人们的记忆中。

4. 冷静下来再度审视

人与人之间总是存在着利益的竞争和矛盾，如果有了矛盾就盲目冲动地去解决，只会两败俱伤。英国首相温斯顿·丘吉尔说过："一个人如果遇到困境时就惊慌失措，没有了理智的头脑。若是这样的话，只会使危险加倍。"因此，与人博弈时，我们应该保持清醒的头脑，冷静下来理智思考。

遇事不冷静的人容易生气，不假思索就气愤至极、怒发冲冠，做出一些傻事，由于控制不住情绪而造成一些不该有的后果，这样的例子层出不穷。

三国时期，刘备、关羽、张飞"桃园三结义"的故事流传至今，但是他们的结局都以悲剧收场。关羽是蜀国的大将，他"过五关、斩六将""千里走单骑""单刀赴会"，被刘备封为"五虎上将"之首，他也因此居功自傲。

在孙权攻打荆州的时候，关羽大意用兵，以致痛失荆州。战败后，他仅带着少量的随从奔向蜀军控制的额上庸，他们日夜兼程，连续数日未休息，十分疲劳，最后竟被吴军的一个小将马忠生擒，坚决不降后被杀。

刘备听说关羽被杀，怒发冲冠，为了给关羽报仇，不顾诸葛亮的苦苦相劝，调动大军就去攻打吴国。而当时由于蜀国几个大将战死的战死，守城的守城，根本没有统率大军的将军，刘备只得亲自挂帅东征。战场上没有可用之才，结果可想而知，刘备大军被打得七零八落，刘备战败后一病不起，最后一命呜呼。作为当时三霸之一的蜀国，又有诸葛亮辅佐，刘备失败的原因就是他意气用事，在毫不冷静的情况下为关羽之死攻打吴国。

冲动使刘备失去理智的思考，盲目的报仇心让他犯了兵家大忌，不仅害死了自己，也让蜀国走到了尽头。如果当时他能够冷静下来重新审视，也许历史就可以重写了。

在看新闻的时候，有时候我们看到这样的报道，某某女性因为被男朋友抛弃，无法忍受失恋的痛苦而割腕、跳河自杀。也许她们一直憧憬着美好的爱情，与男朋友分手会让她们觉得失去了活着的希望，这个世界不再美好，冲动之下就做出了无可挽回的事情。其实冷静下来再去审视一下，这样所谓的爱情真的值得你放弃爱你的父母、关心你的朋友甚至生命吗？爱情没有了可以再去找，但是冲动下失去了生命，就失去了一切再来的机会。

不仅是生活，商场上也经常出现由于不冷静而造成两败俱伤的事情。电器行业的竞争是非常激烈的，随着数字地面传输的出现，超薄电视一下子成为电视行业中的"新星"。早前的市场行情是"每寸一万日元"，但由于各大公司大打价格战，行市已暴跌至原先的三分之一，甚至五分之一。而且外国厂商也在低价进攻，面对这样的形式，如果不降价就会败下阵来，因此而落入恶性循环的状态中无法自拔，涨价无法卖出去，降价就"越卖越亏"。

对于这种即使付出代价也要战胜对手，最后以悲剧性结果收场的现象，心理学家贝泽曼和尼尔称之为"非合理性逐步升级"。其实冷静下来审视一下，公司想以价格取胜无可厚非，但是没有必要不惜亏损地来拉拢顾客，这根本就是无谓的竞争，即便战胜了对方，自己也付出了惨痛的代价。但是，这种强烈战胜竞争对手的欲望一旦产生，便会对自己的感觉和判断产生误导。为满足渴望打赢对手的欲望而采取的行动，也是对自己的一种伤害，结果很可能就是毁灭性的两败俱伤。

为了避免出现这种情况，企业要么相互合作，结成联盟，要么只能等待资金雄厚的一方胜出，失败的一方自动退出。以超薄电视的例子来说，有不少厂商因为资金的短缺而不得不放弃电视机的生产，无奈退出，企业间的战争就是这样的残酷。而对于个人间的竞争，则最好选择一种合作的路线来停止争斗。因此，无论是企业还是个人都要注意合理性逐步升级，尤其是企业之间应该消除恶性竞争，打造有品牌影响力、强竞争力的领头羊企业，形成积极合作、互相促进、共同发展的企业集团或企业群。企业首先应该改变竞争观念，要知道，现代企业的竞争，并不是简单地利用降价和打广告就可以胜出的，而是企业核心竞争力的较量。没有强大的实力，再低的价格都不可能真正吸引大批顾客。

进行正常思维的前提是让自己清醒、冷静下来，而再度审视并非在任何一种环境下都能够做到。在正常情况下，一旦受到他人观点、看法的冲击，人便很容易被情感冲昏头脑，为了找回自己期望的状态，往往会过度坚持自己的意见——哪怕这种意见本身是错误的。

这一现象正如在实际解决问题时，若同时出现具有对立性质的事情时，你的正常思维将会完全阻止、个人思维完全混乱与模糊一样，根本无法持续。唯有先让自己平息内心的不安与愤怒感，你才能了解对方内心的具体想法。

5. 缓兵之策可避锋芒

老村长已经很长时间没去省城了，趁着农闲的工夫，他去了一趟城里，大包小包的买了很多东西，都是现在城里流行的新玩意儿，他想着带回村里给大家都开开眼，鼓励人们都来城里玩。

坐在回去的汽车上，老村长瞅着窗外的景色，似乎总也看不够。走到半路时，汽车开进一个加油站加油，车上的人也顺便下来去洗手间。这时，上来一个兜售扒鸡的小贩，老村长把目光从车窗外收回车厢里，小贩正好经过自己的旁边。

老村长心想，买了一堆玩意儿却没买点小吃啥的给孩子带回去，正好买两只扒鸡，跟孩子也好交代。这样想着，老村长就把小贩叫住了，他想先问问价钱。小贩一看是个进城的农村人，眼珠子转了转，没等老村长决定要买就已经乐呵地开始给他往袋子里装。

老村长一看他直接装袋了，也不好说什么，再说自己本来就是要买。趁着小贩跟车下同伴说话的工夫，老村长耐不住新鲜劲儿，撕开一袋揪了块鸡肉，结果肉质又酸又硬。老村长性子直，就说他这鸡肉有股特别的味儿。小贩听到立马不高兴了，一声吆喝，上来好几个小青年。

"我在这儿卖了好几年了都没人说不好，你都拆开了又不想要了，你想耍赖啊！赶紧给钱！"小青年的嗓门一下子高了起来。售票员总跑这趟路线也不敢得罪他们，周围的人虽愤愤不平但不敢插手。

也许很多人都遇到过这种孤立无助的场面。这种情况下往往进退两难，如果你也遇到了像上面的老村长一样的遭遇，你是选择与小贩硬拼呢，还是忍气吞声？硬拼可能会受伤，不拼又觉得委屈，这时候就需要一种高超的博弈技巧。

老村长当然也知道自己上了当，但不能硬拼，又不甘心白白给这小贩几十块钱。可是有一只自己已经拆封，不给钱也交代不了。小贩不就是要钱吗，想到这儿，老村长顿时来了主意。

只见他乐呵呵地对小贩说："师傅，你这鸡肉味道就是很特别啊，我从来没吃过这么特别的鸡肉，简直可以去我们村里开饭馆了。"小贩有些不好意思，觉得自己刚才是有些冲动了，正打算开口缓和一下气氛。

这时，老村长已经开始假装掏钱了，可他翻遍了所有的口袋只翻出7元钱。他有些不好意思地说："师傅，你看我糊涂了，明明记得有个50元钱在兜里，看来是买的东西太多记错了。要不你跟我回家拿吧，就在前面十几里地，来回路费都算我的。"

小贩脸色变了变，老村长赶紧又说："师傅还要做生意，没那么多工夫，你看我从城里带回的这袋菜种子要不先押你这儿，等我拿了钱再来赎。"汽车等着开，周围的人也都催促小贩抓紧时间下车。小贩夺过老村长怀里没拆封的两包扒鸡和7元钱说："没钱还买什么啊，谁知道你这麻袋里装的什么玩意儿。"小贩嘟嘟囔囔不甘心地下了汽车。

老村长也许不懂什么计谋，但是后来他避过小贩咄咄逼人的气势，全身而退，可以说是运用了缓兵之策。

在生活中也是如此，当自己处于下风或者不利状况时，要能够对那些不利于自己的情况进行改进，抓住机会，把一些不利于自己的因素变为有利因素，懂得缓兵之策，才能在博弈中扭转局势，转败为胜。

人在一生中，总会遇上几件比较棘手的事，也许你会为此愁得心绪不宁或者茶饭不思。其实这就是因为自己还没找到合理的策略。对于博弈者来说，遇见强劲的对手时，不妨避其锋芒，采用缓兵之策来反败为胜，突破困境。能够审时度势，善用缓兵之计，才是智者所为。

在历史长河中，有不少以缓兵之计获取成功的故事，也有不少以缓兵之策缓和矛盾的故事，比如城濮之战。春秋战国时期，晋国公子重耳受奸人迫害，在外流亡十几年。经过千辛万苦，重耳来到楚国。楚王认为重耳日后必成大业，于是以国家的最高礼仪厚待重耳。

在一次宴会上，楚王试探公子重耳的态度，问他将来怎么报答自己。当时情势危急，重耳便许诺楚王，如果将来两国发生了战争，晋国一定退避三舍报答楚王收留之恩。后来公子重耳当了晋国国主，果然与楚国发生了战争。

身为晋国国主的重耳对外宣称，为了报答楚王的恩情，晋国全军退避三舍。当时全国上下都很意外，这样做等于延误战机，晋王何必执着守信。在撤退百里之后，晋国军队才安营扎寨，楚国以为晋国怯弱，骄傲轻敌，长驱直入晋国驻地，结果中了晋国埋伏，大败而归。

这就是历史上著名的以少胜多的战役。重耳名义上是报楚王之恩，实际是楚国大军有备而来，但是晋国兵数不如楚国多，而且仓促之下来不及防备，只能避其锋芒，待晋国的力量强大起来才一举争雄。

军国大事中的矛盾尚且能缓则缓，不让矛盾恶化，更何况是日常琐碎事。面对一些无关紧要的纷争，自己最好能避免就避免，争得面红耳赤只能是两败俱伤，不如和风细雨地化解争端。

这种以和为贵的态度在职场中也很重要，在现代职场中，薪水是员工和老板主要博弈的对象，在这一博弈过程中，员工想着多拿工资少干活，而企业老板则希望员工少拿工资多干活。许多员工在上班的过程中，总是在不停地衡量自己的得失，衡量自己拿的工资应该干多少活；老板则考虑，多拿了工资，员工能不能胜任这些工作。

面对双方的矛盾时，不要争一时的长短。作为员工，首先把工作做得出色，才有与老板谈判的筹码；作为老板，适时地少量多次地给员工加薪，建立明确的赏罚制度，鼓励员工多干多得，这也是缓兵之计的一种。不争朝夕，运用计谋使自己的利益最大化，才是博弈的胜者。

第五章
在较量中化敌为友，
　　在博弈中以柔克刚

  两强相争若直面迎击，即便占得优势，也是伤敌一千自毁八百。所以，遇到强势之人，不与争锋是最好的策略，但是不争锋并不是逃避，而是说要换个方法和角度来解决问题。要知道，万事万物相生相克，那些刚性的东西往往容易被柔弱的手段制服。博弈并不只是教人如何与他人较量，更重要的是教人如何与他人相处。人在这个世界上所遇到的并不都是朋友，总有几个是对手，而如果能够将对手变成朋友则是最好的。

1. 解决矛盾的指导思想就是别较真

安吉拉和珀西是一对热恋中的情侣，因平时工作繁忙，两人享受甜蜜约会的时光非常有限。他们都盼着周末来临，可以放松放松心情，过一个简单又有意义的二人世界。

珀西是个足球迷，从不错过每一场球赛直播，恰逢这个周六晚上有一场欧冠西甲联赛，搔得他的心痒痒的。而安吉拉出生在艺术世家，从小便对歌剧艺术情有独钟，恰好这周六晚上俄罗斯著名歌唱家维塔斯要在当地的大剧院里做最后的巡回演出，包含他的经典曲目《歌剧2》。安吉拉心里琢磨着，要是能让珀西陪自己去感受一下现场氛围，说不定他也会爱上歌剧。

到底是看球赛还是看歌剧？在这对情侣做出最终选择前，我们不妨借用博弈理论帮他们分析一下该如何选择合适的博弈策略达成共识。如果借助定量分析，把他们看足球赛或是歌剧演出分别所能获得的幸福感具体数字化，则会呈现以下几种情况：

两人一起在家看球赛直播，对于珀西来说，他的幸福感是 10。而安吉拉本身对足球一窍不通，为了陪伴珀西才来看足球，此时她的幸福感只有 2。

两人一起去剧院看歌剧演出，安吉拉热爱歌剧又有恋人相随，幸福感自然是 10。而对于珀西来说，他对歌剧并不感兴趣，于是这种与安吉拉一起看歌剧的幸福感只有 2。

如果安吉拉自己去欣赏唯美的歌剧，而珀西则在家独自度过激情的足球之夜，这种处理方式看似能够合理解决情侣之间因兴趣爱好差异而产生的矛盾，其实则不然。安吉拉和珀西正处在如胶似漆的热恋时期，恨不得能一天到晚黏在一起，这种怡情的相聚机会对他们来说必定十分珍贵，点滴的分秒时间都需要格外珍惜。所以，分开并不是最好的选择，一旦分开，无论是安吉拉一个人独自欣赏歌剧，还是珀西单独在家蹲点守候全场赛事直播，抑或是双方都放弃这次相约见面，对于作为个体活动的他们，双方的幸福感都是0。

从直观上来看，双方都没有明显占优势的条件。换句话说就是，安吉拉和珀西都是根据自己的喜好来选择看歌剧还是球赛，彼此都欠缺占主导优势的理由让对方放弃喜好跟从自己的选择。对于这种间歇性循环上演的中立局面，还应倒退思考，展望未来，运用博弈论分析研究。

我们先来分析珀西，要是安吉拉去看球，自己也去看球，他的幸福感就是10；如果自己一个人看球，幸福感降为0；陪安吉拉看歌剧，幸福感可以提升为2。做一个折中的选择，陪伴安吉拉看歌剧。

再来讨论安吉拉，倘若珀西去看歌剧，自己也去看歌剧，她的幸福感同样也是10；如果自己一个人欣赏歌剧，幸福感降为0；陪珀西看球赛，虽然自己不喜欢足球，好歹有喜欢的人在身边，幸福感怎么也有2，还是陪珀西看球划算。

两个人都没有明显的博弈策略优势，那么双方之间可以通过沟通协调来解决矛盾。比方说，情侣双方可以制定一个规则，专门针对这种双方都没有明显优势的博弈现象，如安吉拉和珀西商议以"石头、剪子、布"定胜负，谁赢了就听谁的，或者扔硬币、抽签的方式来选出最终是去看球赛还是看歌剧。

如果恋人之间都是比较较真的人，假设珀西比较大男子主义，而安吉拉又有公主病，非依着自己不可，否则就要哭就要闹。对于这种现象，用扔硬币、抽签的方式根本不可能有用，必须铆足劲坚持到底，告诉对方自己绝对不会妥协。谁坚持己见，死扛到底的信念更足一些，谁就是最后的赢家。

那么在情侣博弈的两组策略中，究竟应该谁得到最想要的，谁退而求其次呢？这就看不同家庭的不同情况了。假若珀西私心比较重，非常想看球赛，他为了达成目的就必须想尽办法说服安吉拉，让安吉拉欣然接受两人一起去看球就是最好的选择。要是安吉拉是个温柔婉约的小女人，珀西则可以尝试用糖衣炮弹，甜言蜜语攻击法，功破安吉拉柔软的心理防线。比如告诉安吉拉，能够与她在一起看球赛是自己心中的未了心愿。安吉拉心一软，心中泛起片片涟漪，自然乐呵呵地陪珀西看球了。

假使珀西能够让安吉拉相信看歌剧会让他痛不欲生，安吉拉为了能够与他共度周末便会陪他看球赛；相反，安吉拉要是能够让珀西相信看球赛会让自己生不如死，珀西为了享受甜蜜的二人世界，只有陪她去看歌剧。

当然，要对方相信自己，需要用一些威胁和承诺。例如，珀西不太愿意陪安吉拉去看歌剧，安吉拉可以采取威胁诱逼的方式，要是珀西不愿意陪，她只好找青梅竹马相伴；要是珀西这次愿意陪她去看歌剧，那么以后不论何种性质的足球赛事，只要珀西想看，她都会相伴左右。

经过以上的分析就不难发现，安吉拉和珀西最佳的博弈策略就是双方去看球赛或者双方去看歌剧。无论哪种搭配，都是需要两人同时参加，因为单独活动没有好处，无论做什么，看什么，幸福感都是最低的。所以，两人一起去看球赛或一起去看歌剧才是最佳选择。

纳什均衡给我们的一个启示就是现实生活中经常存在这样一种情况：当你的利益与他人的利益，尤其是与你关系亲密的人发生冲突时，你要学会设法对其进行协调。出现矛盾的双方，总有一方会在迂回博弈战斗中摆出妥协的姿态，如果现实不允许你最大限度地满足自己的利益，那么自己退而求其次，总比让双方什么都得不到要强得多。而且你在这次博弈中所失的，可能会在下次博弈中获得补偿。

心理学界广泛认可这样一个公式：我＋我们＝完整的我。公式可以解释为：绝对的"我"是不存在的，只有融入"我们"的"我"才是"完整的我"。在遇到矛盾时，不要固执地坚持自我，太过较真的结果只会是两败俱伤。从整体的利益出发，找到一个让双方都认可的均衡点，这样才能更好地化解矛盾。

2. 从对方的角度思考问题

在一年一度的圣诞节到来之前，美国各地的大型商场都会举办打折促销的活动。活动开始前几小时，无数市民便聚集在商场门口，等大门一开，便一窝蜂似的冲进商场。在这种情况下，很多结伴而来的购物者都会被人流冲散，如果又恰巧没有带通信设备，恐怕一时半刻都无法找到对方。假设一对夫妻在拥挤的百货商场里走散，两人事先并没有约定会合的地点，而恰巧他们又都没带手机，他们还能找到对方吗？以怎样的方式寻找对方成功的概率会更高一些呢？

为了找到对方，两人的心里便开始了一场博弈。也许丈夫一直认为，妻子也希望在一个双方都认为比较醒目的地点与自己会合，因为夫妻双方都认为该地点比较醒目，易于发现对方或被对方发现。而且，妻子不会轻易判断丈夫首先要去的地方，因为在上述情况下，丈夫首选的地方可能也是妻子所希望的。换言之，无论发生什么情况，一方所到之处都将是对方所期望的地方。我们可以如此不断推理下去，一方所想的问题不是"如果我是他，我该去什么地方呢？"，而是"如果我也像他一样在思考同样的问题'如果我是他，我该去什么地方呢？'我该怎么做呢？"。

人们通常只有在得知别人将做出和自己同样的行为时，才会与他人产生共鸣，达成某种共识，我们把这种共识称为"默契"。比如上文中的夫妻走散事例，二人若要重逢，就需要相互间的默契，也就是对同一场景提供的信息进行同样的解读，并努力促使双方对彼此的行为进行相同的预期判断。当然，我们既无法肯定他们一定会重逢，也不能肯定双方一定会对同一暗示符号进行相同的解读。但是，夫妻双方如以这种方式寻找对方，成功的概率一定比他们盲目地在商场里瞎转要高得多。

大多数普通人在一个环绕的圆形区域走散后，通常都会不约而同地想到在圆形地带的中心区域与对方会合。但是在一个非常规形区域走散，那就只能依靠个人的方位感在该区域的中心地带与对方会面。

博弈论专家托马斯·谢林曾以多张地图进行实验，结果证明：如果一张地图标有多个住宅和一个十字路口，人们大多会本能地趋于十字路口；反之，如果一张地图标有一个住宅和多个十字路口，人们会本能地趋于住宅。这充分说明，唯一性能够产生独特性，从而吸引人们的注意力。谢林把这个具有独特性、吸引人们注意力的点称为"聚点"，并由此提出了著名的"聚点均衡"理论。

在聚点均衡的研究中，谢林得出结论：一旦人们得知别人将做出和自己同样的行为时，通常会协调彼此的行为，从而出现合作的契机。比如拳击比赛中经常会出现两个实力相当的拳手比拼实力的情形，一旦比拼开始，就没有人能够自主地决定撤出拼斗，因为一旦你选择撤出防守便会激发对方斗志，你就会失败甚至身受重伤，而继续比拼，则会导致两败俱伤的结局。除非有外力使他们中止比拼，或者二人"心有灵犀"，同时一点点减弱攻势。

生活中我们也常常能看到这样有趣的现象，比如小两口为小事赌气吵架了，谁也不理谁。一天过去了，两个人表面上不动声色；三天过去了，彼此心中都有悔意，只是碍于面子谁也不好意思先开口；时间再长一些，彼此之间已经完全形成默契，这个时候，无论谁先开口，都将宣告一场冷战的结束，两人终会和好如初甚至比以前更亲密一些。

不懂得从对方的角度思考问题，一味地将自己的想法强加于人，这种人很难体会到爱和美好，并且往往会由于发出的声音不受他人重视而倍受打击。你理解了对方，对方也一定会理解你的行为。凡事从对方的立场出发，尊重对方的意愿和选择，这样才能够引发对方的心灵感应，拉近彼此之间的距离。

3. 小处让人，大处才能得人

斗鸡博弈描述的是两个强者之间的对抗冲突，在有进有退的博弈中，前进的一方可以获得正的收益值，而后退的一方也不会损失太大，而可能会失去面子，但是失去面子总比伤痕累累甚至丧命要好得多。当然，更好的效果不是一方退让给另一方胜利的机会，而是双方都能够互相妥协，都有所收获，取得双赢的最佳结果。因此斗鸡博弈这一理论中就包含着妥协的道理，甚至可以说妥协是斗鸡博弈的精髓。如果凡事一定要争个输赢胜负，那么不但僵局难以打破，而且还会给自己造成不必要的损失。

1968年的美国大选，是民主党候选人纳尔逊·洛克菲勒与共和党候选人尼克松之间的对决。基辛格作为纳尔逊的智囊人物，立场自然与尼克松相对立，为了帮助纳尔逊成功竞选上总统，基辛格经常在媒体面前大肆攻击和诋毁尼克松，他还讥讽尼克松命中注定只配做个老二，因此建议经验丰富的尼克松不如全力去竞争副总统的位置。

为了进一步降低对手的公信度，基辛格还呼吁民众不要把选票投给尼克松，他声称尼克松可能会是美国历史上最具危险性的总统，不过即便如此，选举的形势还是日益朝着共和党那边倾斜，而民主党由于准备不利，渐渐处于下风，最终在大选中败下阵来。

但是此时的尼克松并没有以一种胜利者的高傲姿态来挖苦对手，反而自降身份向基辛格伸出橄榄枝，他真诚地希望基辛格能够加入自己的幕僚团队。尼克松当然有着自己的打算，一方面，基辛格的确是个出色的外交人才；另一方面，当时美国政府在民众心中的形象不断恶化，低调宽容的表现不仅可以缓和与民主党的关系，还可以借此取得民众的支持。

尼克松后来多次约见基辛格，两人敞开心扉的交谈让基辛格转变了对尼克松的看法，基辛格甚至不吝赞美之词。他为尼克松宽大的胸怀以及高人一等的识人能力所折服。此后，基辛格开始登上政治舞台和国际舞台，积极为尼克松出谋划策。

每个人都有争强好胜的虚荣，不愿使自己成为弱势群体中的一分子，所以很少有人具备示弱的智慧和勇气，更没有人愿意唯唯诺诺地低头服软。殊不知，想要昂起头来做人就必须先要学会低头做人，想要得到别人的帮助就要先学会礼让别人。

很多年前，在 Windows 系统还没有诞生时，比尔·盖茨去请一位软件高手加盟微软，那位高手一直不予理睬。最后禁不住比尔·盖茨的"死缠烂打"，他才同意见上一面，但一见面，就劈头盖脸讥笑说："我从没见过比微软做得更烂的操作系统。"

比尔·盖茨没有丝毫的恼怒，反而诚恳地说："正是因为我们做得不好，才请您加盟。"那位高手愣住了。盖茨的谦虚把高手拉进了微软的阵营，他后来成为 Windows 的负责人，终于开发出了人们普遍使用的操作系统。

假设盖茨听了那位软件高手的话后勃然大怒，结果两人不欢而散，这对于双方来说，都是不小的损失。但是盖茨选择让步，虽然心里可能不情愿，但是从长远看，自己得到的利益会远远大于损失的面子。

由此我们可以看到，在一场博弈中，双方利益发生冲突的情况下，并非只有鱼死网破、你死我活一条路可以走，如果你要为自己最长远的利益打算，就有必要在博弈中向对方妥协，很多情况下，也只有妥协才能使斗鸡博弈取得圆满的结局。

美国石油巨头保罗·盖蒂说："做事最忌目光短浅，只见到眼前利益的人，从来不会发现隐藏的机会。"我们要懂得进行人脉投资，如果能在小事上帮助别人、谦让别人，满足别人的自尊心，对方自然就会义无反顾地贡献自己的力量为你提供帮助。不要逞一时之勇，也不要留恋眼前的得失，只要你真正放低自己的姿态，就一定会获得别人的真心。

4. 获胜靠的是优势策略

在囚徒困境中，最佳策略并不显而易见，需要向后展望，从后反推。选择最佳策略又基于两个简单概念，即优势策略与均衡策略。我们可以看出，只有一方拥有优势策略时的博弈，拥有优势策略的一方将采用其优势策略，而另一方会针对这个策略采用自己的最佳策略。

在商场竞争中，有一个"报业博弈"就是运用了其中的妙处：1994年，传媒大亨默多克试验性地在斯泰滕岛把旗下的《纽约邮报》零售价降到了25美分。没过多久，竞争对手《每日新闻》做出了反应，它并没有降低价格，而是把价格从40美分提高到50美分。这件事在他人看起来有些离谱。外界媒体《纽约时报》发表评论说："看起来《每日新闻》是在刺激《纽约邮报》继续在全纽约降价。"

开始时，两份报纸都是40美分的价格，但默多克却认为要想减少运营负担，报纸的零售价应该涨到50美分更合适，于是他便率先采取了行动。而《每日新闻》则借机停留在40美分的价格上而没有涨价，结果《纽约邮报》失去了一些客户，并且还带来一些广告收入的问题。

默多克当时认为这种情况不会持续多久，但是《每日新闻》却一直处于按兵不动的状态。默多克颇为恼火，认为需要显示一下力量，让《每日新闻》知道：如果有必要，他有能力发动一场报复性的价格战。当然，如果真的发动一场价格战，那么对自己也会造成一定的损失，形成两败俱伤的局面。所以，他的目标是让《每日新闻》感到威胁的可信性，又不投入真正战斗的费用，于是他设计了一种让《每日新闻》提价的战术，进行了一次试探性的力量显示：结果就是在斯泰滕岛上把价格降到了25美分，显然，《纽约邮报》的销量就会立竿见影地上升。当然，《每日新闻》也认识到了他的用意。

对于《每日新闻》来说，利润大幅下降是必然的结果，出于对后果的考虑，《每日新闻》放弃了投机心理，采取了明智的策略，将报价提高了10美分，它既不敢也不愿激怒默多克，但对它来说，涨价也并不吃亏。从博弈双方的情况来看，这正是优势策略下双方所得的结果。

显然，从参与竞争各方最好的结果来看，就是都不降价。而在现实中，几乎所有的企业都不可避免地陷入了价格战的囚徒困境中。这就如同看足球赛，如果前排的人为了看得更远而站起来，后排的人必须也得跟着站起来，如果不站起来你就看不到，而人人都站起来，实际上相当于人人都没站起来，即便如此，你还是不得不跟着站起来。

在商业竞争中，并不是所有的人都能找到自己的最优策略。有些是因为对现有知识、信息的认识、掌握和运用不够，有些则是因为在实践中遇到了新的问题。但无论如何，当许多相互联系的因素存在并且很难从各种判断中选择正确的决策时，博弈论能有效地提供帮助，并且具有彻底改变人们对商业认知的潜在能力。

加利福尼亚州有一个果农，他善于学习和创新，因此掌握了科学的栽培方法和改良品种的技术绝活。他种植的水果总是比别人家的要大、要甜。每年，在州里举办的农产品展览会中，他都会因为种植的新品种而获得大奖。令人不解的是，他在得奖之后，总是毫不吝惜地将新品种分给大家品尝，并将种子免费送给自己的左邻右舍。

有一位邻居很诧异地问："你的奖项来之不易，每年你都为改良新品种付出大量的时间和精力，为什么还慷慨地将种子送给我们呢？你这么做难道不担心我们会超过你吗？"果农笑着回答说："我将种子分给大家，并不是因为我有多么大公无私，这其实对我自己也有很大的好处！"

原来，果农居住的乡村家家户户都种植果树，每家的果园都毗邻相连，他只有将优良的种子分给邻居，邻居们才能改良自家品种，这样才可以避免蜜蜂在传播花粉的过程中，将临近的较差的品种传播给自己家的果树，造成下一代水果品质下降。如此一来，果农就不用在防范外来花粉方面付出精力，而专心致力于品种的改良。

另一方面，果农将优良的种子送给大家，就使得别人也有了跟他一样好的种子，这就给了他不断努力改良和培育新品种的压力和动力，让他始终保持领先的地位。

这就是囚徒困境在现实生活中的生动写照。其实所有果农之间都存在着竞争的关系，没有谁会做毫不利己、专门利人的事。每家的果园之间都存在着客观联系，如果所有果农都只顾着自家的一亩三分地，那么即便存在优势，也会被平均而难以保持下去。聪明的果农能够在众多竞争策略中寻找到一个最优策略，那就是主动散播优势，使自己保持并提高优势。

博弈论研究学者埃尔文·罗斯博士认为，在竞争中，如果出现囚徒困境，你一定要客观冷静地分析清楚什么才是你的优势策略，什么才是你的劣势策略。将你的优势策略发挥到最大限度，这样可以极大地提高你的竞争力。

5. 利益，有时是对手带给你的

鬣狗是非洲大草原上最臭名昭著的强盗，它个子比较矮小，速度也不算太快，在追逐猎物时往往会吃亏。虽然它们依赖惊人的耐力和出色的团队合作，也能得到丰盛的食物，但比起抢夺，这个代价要大了许多，效率也低了很多。

猎豹是草原上的超级捕猎者。依靠超快的速度和高超的捕猎技巧，猎豹可以轻松捕获猎物，所以鬣狗经常会跟踪猎豹，等到猎豹捕获猎物时，就上前争夺，而猎豹在抓捕过程中已经耗费了大部分能量，根本无力对抗鬣狗的进攻，只好忍痛割爱。

同为草原上的肉食动物，猎豹和鬣狗经常因为食物而发生冲突，他们是天然的竞争对手。猎豹有超强的捕猎能力，懂得如何轻松捕捉猎物；而鬣狗则有出色的博弈技巧，知道何时能乘虚而入，不劳而获。

博弈其实就是一种利益之争，在利益的争夺中就不免会存在敌对关系，很多时候博弈的对手就是敌人。博弈双方因为利益常常相互缠斗，在竭力为利益拼搏时，殊不知利益也有可能是对手给你创造的，一个高明的博弈者懂得利用对手的能力来为自己谋取利益。

A公司准备在南非开采金矿，却遇到了一个外来的强劲竞争对手，两相角逐之下，A决定暂时退出竞争，让给对方开采。

一个月以后，这个竞争对手面临严重的资金压力。由于矿带埋藏得非常深，最佳开采地点一直没有找到，结果浪费了巨大的财力和时间。此时，竞争对手对于A突然做出退出的决定渐渐产生了疑惑，甚至开始认为这是

A 公司设置的陷阱。

经过一番思索后，这个竞争对手动摇了开采金矿的决心，最终放弃继续开采，离开了南非。

等到对手离开南非后，A 公司迅速取得了金矿开采权，在对手已经开采过的旧矿井中轻易就找到了金矿带，正是因为对手的"艰苦开采"为自己省去了很大的麻烦，减少了巨大的开采成本，结果不费吹灰之力就得到了预期的利益。

A 公司成功搭上对手的顺风车，利用对方投入的成本来作为自己事业的敲门砖，让竞争对手替自己创造了利益。

除了利益争夺上的针锋相对、互不相让，竞争的双方也许会存在合作的可能性，也许你的对手具备创造利益的能力和条件，将来可以为你争取到特定的利益，一旦双方开始合作，你离成功就不远了。一个有远见的人不应该抹杀这种合作的可能性，所以为人处世不应该做得太绝，应该明白"势不可去尽"的道理，凡事要给别人留有余地，这也是在给自己留些退路。

成立于 1946 年的索尼公司是电子消费业的先驱，也一直是电子产业的巨头，树大根深、实力雄厚，而三星则是后起之秀，是数码电子业的新星，发展势头非常强劲，渐渐具备了与索尼分庭抗礼的实力，打破了索尼公司垄断市场、一家独大的格局。

两大公司为了争夺市场，经常会发生冲突，从网络销售到商场零售，从电视产品到录像机、DVD，两大巨头总是不可避免地要进行正面交锋，互相竞争、互相排斥。

索尼将三星列为最大的竞争对手和敌人，处处打压三星的势力，而三星也将索尼当成超越的目标，不断挑战索尼的权威。双方你来我往，互不相让。在双方的激烈争斗中，谁也没有占到多大的便宜，索尼面临多重忧患，无力做出重大反击，而三星在争夺战中也显得底气不足，毕竟"瘦死的骆驼比马大"。

面对这种局面，索尼开始主动改变策略，停止对三星的打压，因为自己现在实在没有多余的能力去克制三星的发展，如果一直都采取对抗打压战术，将会给自己增加很大的风险和负担。而三星也认为长时间与索尼斗争下去对自己的发展非常不利，渐渐放弃了激进的挑战策略，开始寻求相对保守的平和策略。

双方"罢兵"后，渐渐产生了合作的意向，索尼急于脱困，希望重振雄风，而三星则想稳中求胜，欲再创新高，合作已是大势所趋。

索尼借助三星这个合作伙伴，一步步实现了自己的复苏计划，而三星靠着索尼这棵大树也逐渐提高了自己的地位和形象，得到了迅速发展。

索尼与三星如果一直缠斗下去，势必会两败俱伤，而索尼及时做出调整，向三星伸出橄榄枝，双方开始罢兵言和，甚至找到了合作的契机，结果双方都依靠对手获得了预期的利益。

博弈双方地位和角色的转变往往会因为利益的变化而变化，"是敌是友"常常取决于利益，博弈之中，很少有纯粹的竞争对手，也很少有纯粹的合作伙伴，这就考验着博弈者的技巧和眼光，需要把握好竞争的分寸，不能将竞争关系变为敌对的仇恨，这样就容易陷入僵局。

无论是策略上的后发制人，还是合作潜力的发掘，体现的都是一种博弈智慧，这些是主观上的争取，有时候，对手给你带来利益则是对方为了获得利益所需要做出的一部分牺牲。

20世纪20年代，两个英国人到非洲淘金。历时半个月，他们得到了很多金子，可是等到他们准备拿着"战利品"回国时，见"财"忘义的两个人都开始打起独吞财产的算盘。

于是，两人大打出手，结果不小心滑进了一个大洞里，里面暗无天日、漆黑一片，只能抬头看见洞口的白光。两人寻找了半天，也没有找到出口，而想要爬出去比登天还难，两人很沮丧，于是在洞里面又争吵起来。

两天过去了，食物严重缺乏，两人渐渐体力不支。其中一个人发现地上有一大块面包，这显然是打斗时掉落下来的。两人都开始提高警惕，在这种情况下，这块面包就等于救命符，谁拥有了面包，谁的生还机会就更大，可是一方得到面包，另一方必然会增加死亡的风险。

在这场生死之战中，捡到面包的人却将面包的一半分给了对手，因为他知道一旦自己准备独享面包，对手一定会拼死争夺，这样对自己非常不利。更重要的是，当时是猩红热的高发季节，虚弱的人很容易感染这种传染性疾病，如果对方这时候不幸患病，那么自己的处境也将会非常危险，权衡利弊之后，他"大方"地拿出面包救了对手一命。三天之后，两人安全获救。

在博弈过程中，不要一味地主动发起进攻，争夺自己想要的利益，应该更睿智地看待问题，分清形势，利益有时候是对手为你创造的，而这种博弈方法可以为你节省更多的成本，减少更多的正面冲突，使索取利益之路变得更加轻松。

6. 平和才是最高层次的博弈

俗话说："量小失众友，度大集群朋。"做人就要有宽阔的胸襟和过人的度量，只有这样才能赢得更多的友谊。

有位哲人在著作中提到过两种对立的人生哲学：猎人式和园丁式。很多人都把博弈论归结为前者，为了蝇头微利而陷入芜杂的纷争之中，甚至不惜一切代价，为自己树立一个又一个假想敌，最后在自我恐慌中止步，于是才有了"以和为贵"的理念。

也许有人要说：人类是自私的，人不为己，天诛地灭。大到国家利益，小至私人事务，就连环保节约也是站在地球能够长远发展以及能源能够有效利用的基础上，这在一定程度上体现了人本主义，但是我们也应该看到人本主义的仁慈。"人敬我一尺，我敬人十丈"正是平和博弈在人际交往过程中的体现。

司马迁在《史记》中曾不遗余力赞扬蔺相如，称其刚柔并济，收放自如。

完璧归赵与渑池之会后，赵王对蔺相如的表现大为赞赏，将其封为上卿，官位居于廉颇之上。身为武将的廉颇自是不服，于是同蔺相如在明里暗里展开较量。这时候的蔺相如避其锋芒，宽容忍让。但是如果仅仅依靠退让就能使廉颇幡然悔悟也是不可能的，于是蔺相如借门人之口向世人解释了其退让的理由：我并不是害怕争斗，强秦之所以不敢攻打赵国，是因为有我蔺相如和廉颇在。在这个关键时期，我们两人争斗起来，势必两败俱伤，对赵国没有任何好处，反而让秦国得益。所以，不是我不能争，而是我不愿争。蔺相如"不为己争而为国争"的宽容打动了廉颇,廉颇负荆请罪,蔺相如与廉颇一起上演了"将相和"。自此蔺相如与廉颇携手保卫赵国,使得秦国望而兴叹。

在这个将相和的故事里,廉颇把蔺相如定位为假想敌人,所以不断挑衅以争高低,他的博弈是强弱之争;蔺相如则从大局出发,以退为进,赢得了最后的胜利。以退为进是自我表现的艺术,也是平和博弈的方法。不刻意追求反而有所得,过于执着只会徒增烦恼。

一群年轻人在饭店吃饭,服务员端上来一盘辣椒特别多的菜,其中一个提出换一盘不放辣椒的,可饭店有规定没有品质问题的菜是不能换的,因此遭到拒绝,最后双方因此大打出手。饭店以人多势众的优势赶跑了那几个年轻人,从表面上看,这场博弈的胜利者当然是饭店一方,而实质上,他们真的赢了吗?

从长远来看,饭店一方并没有赢,因为他们的胜利是建立在失败一方的辛酸和苦涩之上的,他们必将为此付出代价。当殴打顾客的消息被传开之后,这家饭店的生意必将因此受到影响。新顾客听说这家饭店的店员竟敢打顾客,肯定会认为饭店菜做得也不怎么样;老顾客得知这家店的人把顾客打得不轻,以后便再也不敢来这里吃饭了。

不能平和处事也许是人际博弈中最糟糕的表现。在平时,还有许多这样的事情,像在胡同里相遇的两台车,一个要进,另一个要出,只有一方给另一方让路才能解决问题。可哪一个车主都不肯倒退,矛盾也就随之而来了。一方认为:只有我先出了胡同你再进来,先出后进理所当然;另一方则认为:我先进的胡同,你后进来的应该退回去。结果,两人在理论无果的情况下,你推我一下,我打你一拳,最后扭打成一团。只好找来警察将二人都批评教育一番,问题才得到解决。

日常生活之中,有很多人都会因为一些鸡毛蒜皮的小事而口沫横飞,甚至有的时候还会大打出手。其实用博弈的观点来分析,我们就可以明白,为一些不必要的小事而去争执,这样做不仅伤神而且费力,实在是不值得的。凡事要看开一点，不要对个人的得失斤斤计较，胸襟放坦荡一点，凡事都处理得平和一点。

所谓的平和博弈并不仅仅局限于人际交往中的争执纠纷，在很大程度上也体现在交际能力上。博弈本是一种平和之道，小到人际交往，大至商场战场，博弈无处不在。

曾经有人问传教士地狱与天堂有什么不同，传教士把他领进一间屋子，一群人拿着长柄的汤匙围在大锅前不停地叫嚷，由于汤匙柄部太长，无法将汤送至嘴里，所以他们也只能看着美味无可奈何。教士把他领进另一间屋子，同样的条件，这个屋里却其乐融融，一片祥和。因为他们在彼此用汤匙喂给对方吃。传教士说，前一个是地狱，后一个是天堂。

这便是平和博弈之乐，既能合作，又达到双赢。所以合作博弈正在逐渐取代以前的零和博弈，小至人际关系，大到企业间的强强联合，都在一定程度上证明了合作博弈所带来的效益。如果存在利益便以竞争的手段来解决，那社会将会陷入混乱的境地。

曼德拉于1991年当选为南非总统，在总统就职仪式上，他邀请了当初被关监狱时他的3名看守，让在场的人十分感动。他说："当我走出囚室，迈出通往自由的监狱大门时，我已经清楚，自己若不能把悲痛与怨恨留在身后，那么我其实仍在狱中。"在这场与旧日恩怨博弈的过程中，曼德拉用平和选择了对过去的遗忘。人们常常因为挫折和失意而怨天尤人，如果以平和的心态面对这些挫折与磨难，就会懂得人生的真谛。

平和也是博弈的核心内容，只有平和的关系才能够使双方更好地合作，才能够让你在处事的过程中少一份烦恼。在人际交往中以和为贵，不拘小节；在企业的发展中诚信经营，以质取胜；在国家关系上互惠互利，合作共赢，只有这样，人类社会才能得以和谐有序地发展。

第六章
影响他人，把话说到对方的心里

  博弈论告诉我们如何在复杂的对局中，采取最佳的策略而成为胜者，而心理学告诉我们如何调节自己的心理，如何了解他人的心理，从而为自己获得最大的收益。博弈心理学就是教会我们采用什么样的策略来达到影响他人的目的。通常情况下，我们可以用说话的技巧来达到影响他人的目的。也就是说，能否让对方心甘情愿听你的，关键在于能否把话说到别人的心窝里，打动别人的心弦。

1. 让对方说"是"的技巧

美国电机推销员哈里森到一位客户的公司拜访，打算说服对方再购买几台新式电机。不料，他刚踏进这家公司的大门，便挨了当头一棒："哈里森，你又来推销你那些破玩意儿！我劝你不要做梦了，我们再也不会上你的当！"经理斯宾斯恼怒地说完，头也不回地走开了。

哈里森被骂得一头雾水，但他没有放弃，而是马上去了解情况。原来斯宾斯昨天到车间去检查，用手摸了一下前不久哈里森推销给他们的电机，居然把手烫破了，于是断定电机质量太差，绝不再购买哈里森推销的产品。

哈里森冷静考虑了一下，认为如果硬碰硬地与对方辩论电机的质量，肯定于事无补。他想到了另外一种战术，于是再次找到斯宾斯：

"斯宾斯先生，您的抱怨我完全同意，假如电机质量有问题，别说买新的，就是已经买了的也必须退货，您说是吗？"

"是的。"

"当然，任何电机工作时都会有一定程度的发热，只是发热不应超过全国电工协会所规定的标准，您说是吗？"

"是的。"

"按国家技术标准，电机的温度可比室内温度高出42℃，是这样吧？"

"是的。但是你们的电机温度比这高出许多。你看，昨天几乎把我的手都烫伤了！"

"实在抱歉，不过请稍等一下，请问你们车间里的温度是多少？"

"大约24℃。"

"车间是24℃,加上应有的42℃的升温,共计66℃左右。如果把手放进66℃的水里会不会被烫伤呢?"

"那是完全可能的。"

"那么,请您以后千万不要去摸电机了。不过,我们的产品质量,你们完全可以放心,绝对没有问题。"就这样,哈里森说服了这位经理,接着又做成了一笔买卖。

哈里森的成功,不仅是因为他的电机质量合格,更重要的是,他能巧妙地利用人们心理上的微妙变化而选择提问的方法,让人没办法说"不"。如果你的一连串问题,会让对方一直给出肯定的回答,那么就会使他整个身心趋向肯定的一面。如果对方对你表示肯定,而且心情放松,那么你们的谈话气氛自然变得和谐,原本的偏见也会荡然无存,达成一致便不成问题。

那么如何才能让对方给出肯定回答呢?通常情况下,人们对于大多数的事情其实没有强烈的主观意见,只有在被问到之后才开始真正思考。因此,提问题的人就存在很大的发挥空间,可以运用诱导或暗示的方法引导对方说出设定好的答案。

每个人都会在意别人对自己的看法,这是人性中所共有的特点,所以人们在回答自己也不太确定的问题时,便会思考"我这样回答会令对方怎么想呢"。这个时候,如果提问者在问题里预设了答案的"倾向",就会让回答者不自觉地想要往那个答案靠拢。

比如,你想要让上司亲口称赞你设计的产品的外观,于是你问他:"您觉得我设计得如何呢?合您的意吗?"你很容易得到这样不确定性的回答:"这个嘛,好像也还好,怎么说呢?"但如果你这样问:"您觉得我设计得如何呢?我考虑到简洁、环保等因素,同时也考虑到了节约成本,这些都是按照您的要求,是吧?"大多数的人都会不知不觉顺着你的话回答:"是啊,真的很不错。"

再比如,你想约一个总爱迟到的人,可以使用"限制法"提问,将结束的时间提前告诉他。如果你跟对方说:"晚上6点老地方见好吗?"很可能他就会跟平常一样姗姗来迟。但如果你说："我晚上 7 点还有事情，所以我们就约 6 点在老地方见可以吗？"这样就能给对方时间压力，使其有意识地避免迟到。

要让对方说"是"，我们就要创造出让对方说"是"的气氛。我们提出问题前必须经过细心考虑，不可想到什么就问什么。例如，一位销售员在推销产品时与顾客进行了一场对话：

"今天天气还是和昨天一样闷热，是吗？"

"是啊！"

"听说最近通货膨胀、治安混乱，是吗？"

"是的！"

"现在这么不景气，大家赚钱都不容易了，是吧？"

"是呀！"

这一类问题看似拉近了两人的距离，好像也创造出肯定的气氛，不论推销员如何说，对方都会回答"是的"。可是，注意他问话的内容，全是消极、悲观的抱怨。这种气氛让人无心购买任何商品。因为顾客在听到他的询问后，会变得心情沉闷，自然没法将兴趣集中在商品上。

想要使你的提问更容易获得肯定的回答，不妨在问题中暗示你想要得到的答案。比如一位销售员发现顾客在某个商品展台前流连，便上前去问对方喜不喜欢，想不想买。比较内向的顾客很可能会排斥这种非常直接的问题，他可能会摇摇头走开。如果销售员这样问："您一定很喜欢，是吧？"对方一定无法排斥这样的问题。在对方还没有回答之前，销售员一边问一边点头，也会诱使对方做出肯定回答。

能够让对方说"是"的问法，总是需要结合一些心理学的技巧。有时不论你多么替对方着想，如果不能很好地传达，对方也不会为之所动。因此，你必须在你的问题中加入鼓励与暗示性的元素，让听者听着舒服，不自觉地顺着你的话说，让对方在循循善诱的愉快交谈中，欣然接受你的意见和建议。

2. 充分的证据，更让人信服

谈及"证据"一词，大部分人都会认为这是法律上的专业术语，在生活中并不会常常用到。实际上，大到公司之间的合作，小到个人之间的交流，为了让自己的语言更有分量，就要做到有理有据。在我们的博弈心理学中，讲证据指的是我们应用的客观现实和事实依据来让我们的意图更加易于被广泛接受和认可。

美国19世纪著名的大作家马克·吐温，不仅在文学方面取得了巨大的成就，他还是当时人人敬畏的诉讼大王。他写的文字往往比资深专业律师所写的状纸还要令人信服。风光背后的马克·吐温大多数时间是在书房中用生命和时光来积累与记忆知识。他的书房堆满了书籍、图片等各种资料，这些资料都是他亲手整理并且分门别类地储存归档。正因为有这些资料的积累，才能让他在和别人争辩或者发表演讲的时候，做到言之有物，有理有据。

在人与人平时的交流中，尤其是要说服别人做决定的时候，客观真实的证据材料就是不可或缺的重要因素。大部分人在平时说话的时候，都喜欢使用模糊性的语言，没有确凿的例证和数据，听话的人也就随意听听，接受度也不会太高。这里要明白的一点是，想要攻克对方的心理，有时候也要挑战自己的讲话习惯，毕竟大部分人都是懒于接触数据的。向决策者们提供的资料应该是客观真实的，而不是单纯的个人主观看法，只有做到真实具体、有理有据，材料的说服力才会大大增强。我们需要牢记的是，人们对事物做出的判断不但会受到证据的影响，同时也会相应程度地受到证据来源的影响。

当大家都对某一件事持有同样态度时，你是否能够做得更好？多数人的坏习惯往往是少数人突出自己的机会。当大家都使用模糊语言的时候，如果你可以拿出数据，那么，你掌握与提供的数据越多，你所说的话就越可信，大家对于你的观点也更容易产生认同感。下面就分别来谈谈具体的方式方法。

方法一：学会利用数据

在沟通、演讲、谈判，甚至是辩论的过程中，我们不能空谈理念，恰当地引用数据往往可使人满意、震惊、愤怒、无奈或难过，同时也能使听者自然而然地被"数据"所说服。

美国禁枪运动发起人曾这样表述自己的观点："1963年到1973年越战期间，一共有46752名美军丧生在越南的战场上。在同样十年之间，美国境内因枪杀事件而死的美国人，共有84633人。"数据会说话，从两项数据对比来看，美国国内因允许私人持枪而导致治安环境的不断恶化，人员伤亡数量甚至不亚于一场战争，触目惊心。

经过汇总概括得出的数据一般都可以给人带来深刻的印象，并且其说服力也很强，特别是当它作为重要证据出现时，其所起到的效果是单纯叙述事例所无法比拟的。但是，数据本身是枯燥的，在使用数据时，我们应该带着明智而审慎的态度，最好结合动态语言，以便增加鲜活的色彩，让听众在心理上不会产生厌倦感和排斥感。

一位导游在讲解某个古代遗迹有多么雄伟时，如果只是枯燥乏味地列出平方米数，肯定不会太有说服力，但他采取的方法是告诉游客们，那个古代遗迹可以让2000人居住其中，并且还有配套的娱乐休闲空间。这样一来，人们对它到底有多雄伟就有了更加直观的认识。

方法二：引述权威的观点

在对话过程中，还有一种强有力的说服方式，就是引用权威的论述。权威可以是一本专业的杂志，可以是一个在现实生活中拥有强大说服力的人，也可以是一个有公信力的组织机构。

很多人在引用观点时，常常会习惯性地使用模糊的说法："据自然科学说……"这种不严谨的说法很有可能招致其他人引用同样的科学证据来反驳，导致自己本来正确的观点和言论变得不被接受，从而在心理博弈的论战中一败涂地。因此，在以理服人的过程中，我们必须要确认自己的观点可以经得住现实检验。不管是权威的发言，还是科学的论据，你都应该在说出口以前，先问自己以下问题：

你引用的是不是该人士的专长？你引用爱因斯坦的话来说明爱情方面的观点，显然你只是重在体现出他姓名的权威，而非他的专长。

听众是否尊重与熟悉那个人？面对大众演讲时，你突然抛出了一个只有专业人士才知道的人的名字，却没有介绍他在某专业中的成就，那么，你的证据就很可能不被接受。

引述是否来自第一手材料？如果你能明确指明，你给出的证据是对方在何时何地，因什么样的情景而讲出了这段与他的专业相关的话，那么，你的说服力将会更强。

是否运用具体情节和事例？你刊登广告，推销某种药品，是把药品的成分、功能、用法详细介绍一番好呢？还是介绍某个患者使用后如何迅速痊愈的事例好呢？当然是用真实的事例来佐证药效，更容易让消费者在心理上接受和认可。优秀的劝说者都清楚地知道这样一点：个别具体化的事例和经验比概括的论证和一般原则更有说服力。因此，你想多卖药品，就应酌情使用后面一种方法。

在日常生活中，你要说服别人，就应旁征博引，使用具体的例子，而不要一味空洞说教。比如，邻居家的一棵大树盘根错节，枝叶茂盛，遮住了你家后园菜地的阳光，你想与他商量一下这个问题，是应该到他家去呢，还是请他到你家来？在列举证据的时候，我们需要明白的是，想要攻克对方的心理，有时候我们也要挑战自己的习惯，毕竟在平日里，大部分人都懒于去接触、收集和使用数据。如果你希望自己是生活中的"路人甲"，你当然可以不用辛苦地收集证据，但如果你希望成为生活的主角，或者希望活出自己的味道，那么在与他人的交流过程中，你就不能仅凭经验来判断，因为经验通常会欺骗和误导自己，只有数据才是客观与真实的。

只有客观、准确地掌握一件事情中所涉及的核心数据，才能把眼光落到实处。当我们学会用证据来检视和指引我们行为的时候，获得的结果会更精准，行动也会更有效率。我们平时在与他人的心理博弈中，尤其是要说服别人改变自己坚守的意志来接受我们的观点的时候，客观的材料和真实的证据可以直接有效地帮助我们在这场博弈中大获全胜。

3. 打动固执的人，先消除其防范心理

在日常生活中，我们常常遇到固执己见的人，我们觉得他们是不可理喻的、无论如何也讲不通的，我们对他们简直是"无可奈何"。固执的人通常很难接受别人的建议，不管建议是否合情合理，他还是会固执地认为"只有自己的思想才是最有价值的"。事无绝对，当情势所需的时候，我们不得不去尝试着改变他们的固有思想，这时就必须讲求策略了。

人与人之间的意见交流，就是一场心理上的博弈，对弈双方都会自然产生一种防范心理，而且越是固执的人，这样的防范心理就会越重。这时候，要想成功说服对方，你就必须先消除对方的防范心理。如何消除防范心理呢？从心理学角度分析，防范心理的产生是一种自卫意识，即当人们把对方当作假想敌时产生的一种自我保护心理。而消除防范心理的最有效方法就是反复给予暗示，表示自己与对方不仅不是对立的，反而是认可和充分尊重对方的意见，从而让对方放下防备，打开心扉。

奈杰尔·内文是一家大型纺织工厂的副经理，他发现让一个人改变长期秉承的工作模式的最好方法，是让这个人认为，这一切都是他自己想要去改变的，让他对这种改变负有全部的责任，同时表彰他的积极主动与拥有预见能力的性格，对方便会积极地接受这种改变。这种策略对于工厂管理者和工人来说是双赢的——工人会感觉到自己的工作更重要、更有价值，生产效率也获得了提高，而这也恰恰是工厂管理者所期望的。

例如，工厂中的生产监督员贾德森是一个很优秀也很固执的人。当工厂因为生产线效率低而亟待改进时，他却固执地认为目前的状态是最有效

的。于是，内文在电话里对他说："贾德森，我想如果我们能够将生产线换个位置，然后再加上两条电动轨道的话，我们的生产速度肯定还可以获得提高。不过，我还是想听听你的意见。"第二天一早，贾德森就来到了内文的办公室，他说："我想我有了一个更好的主意。其实，如果我们将每一条生产线都换到另一个方位，并给生产线组多加4条电动轨道的话，那么，我们在组装线上便能少走不少弯路，而我们的生产效率也会提高很多。我们不妨试试看。"

贾德森的建议恰恰是内文想要让他做的，而这种方法远比指挥一个优秀的雇员去做什么更好，因为很多人都不喜欢被直接安排去按照固定的模式做自己的工作，他们更乐于按自己的方式工作。然而通过引导，员工通过提出新的方法受到了管理者的肯定和嘉奖，而管理者也达到了自己的目的，这让双方在心理上都乐于接受。

在固执的人面前，道理与逻辑根本不起任何作用，情感与理智也不会带给他们太大的影响，而要想说服他们，我们就有必要了解固执者的心理状态，因势利导，才能达到最终目标。著名心理学教授比琳达·拉曼通过对人际关系的深入研究发现，"固执己见"多是由以下四个原因引发的：

1. 他什么建议都听不进去，对他而言，新想法肯定不如现有的好，改变对他而言是一件麻烦甚至可怕的事。

2. 他的性格存在缺陷，自大自负成为习惯心理，总喜欢排斥甚至诋毁其他人。这种人的特点就是不管别人的想法多么有说服力、多么合理，但只要是别人说的，他就绝对不肯听，他只接受和认可自己的想法。

3. 他刚刚在心理上受了伤害，有人占了他的便宜。虽然那件事与你毫无干系，但是他却心有余悸，在一段时间内有着极强的防范心理，不信任也不愿意接受任何与其习惯相违的想法。他不确定自己的决策是否正确，宁愿保守现状不做改变，也不愿意再被人欺骗、伤害。

4. 他属于情境厌恶型——他的固执与你是没有关系的，只是"整个想法"听上去与他"不搭"，不像他的所作所为，你所说的东西与他的自我认知不一致，导致心理上无法产生认同，更无法接受。

如果你曾经遇到过上述四种人，你就会发现争辩是没有用的，你越是据理力争，他们越会抗拒，根本无计可施。不管你说了什么、做了什么，全部没有用——当然，如果你是个善用心理博弈的高手，那么这一切困难对你来说就不是问题了，只需要简单的三个步骤，就可以让他改变心中的固有看法，让其变换对人或者对事的态度。

第一步：在心理上获得对方的认可

想要改变对方的态度，进而赢得他的同意，你要做的就是让他在心中认可你。不管对方抱有怎样的观点，通过这一步，你都可以迅速地扭转他的想法。假如你想说服同事听听你的建议，你只需要说："我们看上去都不是固执的人，你说对吗？"过了一会儿，当你谈到与对方僵持不下的议题时，你会发现，对方变得异乎寻常地愿意合作。这是因为，一旦你的同事同意了这一陈述，他会在无意识间主动地采纳与之相符合的行为。

第二步：限制对方做其"不愿意做的事"

细心的朋友会发现，一些商场发放的优惠券上总是印着有效日期，商场促销活动也总是"限时特卖"。商家之所以这样设置时限，是因为他们懂得如果不存在时间限制，顾客的购买欲望就会降低，一旦某件事情有了限制，我们便会认为自己对它产生了更强烈的兴趣。当你提出了解决方案时，你不妨暗示对方，你认为他不会改变自己的想法，更不会接受你的方法，而他的潜意识中已经开始动摇了，这一招正是博弈心理学中的"欲擒故纵"与"激将法"。

第三步：说服对方之前，要尽量安慰对方、同情对方

对方固执的心理防线犹如层层厚厚的冰雪，我们要想让对方的心理防线消融，就要用语言把对方引导到一个鸟语花香、阳光明媚的春天里，让他们的身心都处在一种温暖愉快的气氛中，对方坚固的心理防线像冰雪在春天里消融，逐渐显露出本心，而面对一个心理上不设防的对手，我们的心理博弈岂有不胜的道理。

在我们朋友之中，有很多善于替人剖疑析难、排难解忧的人，他们都是在经常关心别人、在设法解决别人的问题的努力中，积累起丰富的说服别人的经验。如果你懂得怎样去说服固执的人，不心急、不暴躁，多用点心思、多动点脑筋，那么固执的人也可说服。我们只要能够合理地运用博弈心理学中的种种策略，卸掉对手的心理防范，那么我们面对那些"顽固"的对手时，也就能够轻松应对，在博弈中始终立于不败之地。

4. 对不同的人用不同的说服方式

在我们这个社会中，不同圈子、不同领域的人们，都各有一套说话的习惯。研究博弈心理学的人，对这方面的知识更是相当重视。我们想要在心理上和别人建立更深入的关系，最好能善于把握对方的语言习惯。与不同类型的人交谈，采用的说话方式和内容也应该因人而异。博弈心理学高手们往往能够根据不同的情况、不同的地点、不同的人物，变换自己说话的语气和方式，通俗地说就是"见什么人说什么话"。

有一位中学老师接管了一个落后班级的班主任工作，正好赶上学校安排各班级学生参加平整操场的劳动。这个班的学生躲在阴凉处谁也不肯干活，任凭老师怎么劝说都不起作用。后来这个老师想到一个以退为进的办法，他问学生们："我知道你们并不是怕干活，而是怕热吧？"学生们谁也不愿说自己懒惰，便七嘴八舌说，确实是因为天气太热了。老师说："既然是这样，我们就等太阳下山再干活，现在我们可以痛痛快快地玩一玩。"听老师这么一说，懒洋洋的学生们一下子来了精神，老师为了使气氛更热烈一些，还买了许多雪糕让大家解暑。就这样，在说说笑笑的玩乐中，学生们欣然接受了老师的建议，不等太阳落山就开始愉快地劳动了。

我们要说服他人，同样需要针对他人的性格特点，采用不同的说服方式，不能同一而论。不同的生活背景和文化背景的人会有不同的思维定式，对于熟识的人来说，相互理解、互相劝说并不难，但对于不太熟悉的人来说，就难免有些无从下手了。所以，在说服对方之前一定要先了解对方，这样才能达到有效的沟通。

社会上有这么一种人，他们一方面只坚信自己，不相信别人比他更聪明、更正确；另一方面又非常缺乏自信，生怕自己的理由被别人驳倒，生怕自己的信心被别人动摇，因而不敢说出真正的理由。他们的心里有一种很妙的想法："我不讲出来，你就驳不倒。"当然，他们对自己也并不十分坦白，他们会想出种种很漂亮的理由支持自己这样做，但无论他怎样说，无论他怎样想，骨子里面就是固执地认为：不说出理由是最安全的。

这种人确实很难说服。说服这种人要有真诚的态度，足够的机智，并且要去了解他的思想及内心世界。这就要靠我们平时对别人的生活多留心，熟悉各种人的思想与行为的规律，能够深入地分析别人的内心活动。当我们猜中别人心理的时候，别人可能脸红了，可能感到非常狼狈，甚至会恼羞成怒，把错误坚持到底。这种情形当然并非我们所愿意看到的。但是我们必须了解：当一个人内心坚固的堡垒一旦被人摧毁时，是可能非常震动和痛苦的。这时，我们需要设法减轻他们的痛苦，或是使他们不觉得痛苦，反而觉得快乐。这就要靠我们有一颗至诚的心，真正能够为别人着想，不但能够指出他们的错误，而且还能为他们指出光明的前途。

还有一种人更难说服，这种人对他心中的真正的理由，不是不肯说，也不是不敢说，而是不知道。对别人的说服工作，如果你用的方法及言语很正确，对方仍然表现出茫然不解，或不以为然时，我们就要动脑筋了。面对这类迷茫的人，我们要灵活运用博弈心理学知识，审时度势，帮助对方拨开迷雾，看清楚内心真实所想，然后才能开展进一步的引导和说服。

在生活中需要我们说服的对象有很多，他可能是你的父母、你的上司、你的顾客、你的朋友、你应聘的主考官……我们随时可能遇到要说服别人的情况，如果不掌握技巧，说服就难以达到理想效果。为此，博弈心理学专家总结了以下六种说服技巧供大家参考。

技巧一：调节气氛，以退为进

在说服时，你首先应该想方设法调节谈话的气氛。如果你和颜悦色地用提问的方式代替命令，并给人以维护自尊和荣誉的机会，气氛就是友好而和谐的，说服也就容易成功；反之，在说服时不尊重他人，拿出一副盛气凌人的架势，那么说服多半是要失败的。毕竟人都是有自尊心的，就连三岁孩童也有他们的自尊心，谁都不希望自己被他人不费力地说服而受其支配。

技巧二：争取同情，以弱克刚

渴望同情是人的天性，如果你想说服比较强大的对手时，不妨采用争取同情的技巧，让对方从心理上觉得"不忍心"不听从你的劝说，从而以弱克刚，达到说服目的。

技巧三：善意威胁，以刚制刚

很多人都知道用适当威胁的方法可以增强说服力，合理运用善意的威胁可以使对方心理上产生恐惧感，"不得不"听从你的意见，从而达到说服目的的技巧。但在具体运用时要注意：态度要尽量友善，道理要清晰明确，威胁程度不能过分，否则反会弄巧成拙。

技巧四：消除防范，以情感化

谈话中要大打感情牌，动之以情，晓之以理，逐步感化，让对方放下防备，并且会觉得如果不接受你的意见，会很过意不去。

技巧五：投其所好，以心换心

站在他人的立场上分析问题，能给他人一种为他着想的感觉，这种投其所好的技巧常常能收获很好的效果。要做到这一点，"知己知彼"十分重要，唯先知彼，而后方能从对方立场上考虑问题，寻求对方心理上的认同与肯定。

技巧六：寻求一致，以短补长

习惯于顽固拒绝他人说服的人，经常处于"不"的心理状态之中，所以自然而然地会呈现僵硬的表情和姿势。对于这种人，如果一开始就提出问题，绝不能打破他"习惯否定"的心理。所以，你得努力寻找与对方一致的地方，先让对方赞同你远离主题的意见，从而使之对你的话感兴趣，而后再想办法将你的主意引入话题，在对方毫无防备的情况下，取得这场心理博弈攻坚战的胜利。

总之，言之出口，如人之远行，前路漫漫，风雨难料。如果在心理博弈的过程中，我们发现某条路线或者某个话题进行不下去了，要灵活机变，另辟蹊径。

事实上，有些比较困难的说服工作，绝不是一次或几次的谈话就可以收到效果的，有时候需要很久的时间，有时候还需用事实、用行动去做我们言语的后盾，用博弈心理学的技巧去攻坚克难，只要我们有必胜的信念，那么最终的胜利一定会属于我们。

5. 侧面引导，让人心服口服

同样去表述一种事物，我们往往有千百种表达的方式和方法。同样意思的话，我们也有千百种的说法。所以说，我们要随时反省自己——这样的说法，对方能够接受吗？是讲得太深奥了，还是讲得太肤浅了？我们的话是太武断了，还是太含蓄了？我们所用的词汇是太文雅了，还是太粗俗了？有时，我们可能因为用错一个字，无端地惹起对方的反感。

有个开出租车的女司机把一男青年送到指定地点时，对方掏出尖刀逼她把钱都交出来，她装作害怕的样子交给歹徒200元钱说："今天就挣这么点儿，要嫌少就把零钱也给你吧。"说完又拿出30元找零用的钱。见女司机如此爽快，歹徒感觉有些不可思议。女司机趁他愣神之际，又说："你家在哪儿住？我送你回家吧。这么晚了，家人该等着急了。"见女司机是个女子又不反抗，歹徒便把刀收了起来，让女司机把他送到火车站去。见气氛缓和，女司机不失时机地启发歹徒："我家里原来也非常困难，咱又没啥技术，后来就跟人家学开车，干起这一行来。虽然挣钱不算多，可日子过得也不错。何况自食其力，穷点儿谁还能笑话咱呢！"

见歹徒沉默不语，女司机继续说："唉，男子汉四肢健全，干点儿啥都差不了，走上这条路一辈子就毁了。"火车站到了，见歹徒要下车，女司机又说："我的钱就算帮助你的，用它干点正事，以后别再干这种见不得人的事了。"一直不说话的歹徒听罢突然哭了，把200多元钱往女司机手里一塞说："大姐，我以后饿死也不干这事了。"

在这个事例中，女司机无疑是个心理学高手，她先是运用了侧面引导的方式消除了歹徒的防范心理，然后逐步引导，唤醒了歹徒的良知，最终达到了说服的目的，在这场惊心动魄的心理博弈中大获全胜。运用侧面引导的说服技巧，从理论上讲，符合心理学的基本规律，从实践中看，只要运用得恰当巧妙，就能取得理想的说服效果。

丽娅辍学后在一家饭店当服务员，工作中她捡到一部顾客遗失在店内的苹果手机，早就渴望有一部苹果手机的她想悄悄据为己有。领班的马凯拉发现后，要求她把捡到的手机上交，可丽娅说："手机是我捡到的，又不是偷的，更不是抢的，不上交也不犯法。"

马凯拉说："丽娅，你知道什么叫'不劳而获'吗？"

"不知道！"丽娅嘟着嘴回答。

马凯拉说："你看，'不劳而获'是不经过劳动而占有劳动果实。说得确切点是占有别人的劳动果实！"

"我可不懂那么多。"丽娅有点不耐烦了。

马凯拉耐心地问："你说，抢别人的东西是不是'不劳而获'？"

"是的。"

"你说，偷别人的东西是不是'不劳而获'？"

"当然是的。"

"那么，捡到别人的东西据为己有是不是'不劳而获'呢？"

"这，这……当然……"丽娅语塞。

马凯拉顺势教育道："捡到别人的东西据为己有和偷、抢得来的东西，在'不劳而获'这一点上是相通的，除了法律，我们还应有一定的社会公德，再说店里也有工作守则，捡到顾客遗失的物品要交还，你小小年纪，可不能犯糊涂啊！想要苹果手机，就要靠自己的能力挣钱买，那样用得才理直气壮哩！"在马凯拉的劝说下，丽娅幡然悔悟，欣然把手机上交了。

在这里，马凯拉没有振振有词地同丽娅理论，而是有意和她弄清楚一个看似与论题无关的"不劳而获"的意义，再由大及小，从面到点，步步推进，最后才切入实质性问题：捡到东西据为己有，同偷、抢一样是"不劳而获"。最后又回到丽娅想把手机据为己有的想法上，说服她想要手机就要靠自己的能力去买，而不是占有别人的。

说服别人，不要直接从关键点出发，因为那个点恰恰是你们冲突的焦点。如果你直接要求对方不能怎么样，很容易引起对方的逆反心理，不仅让对方难以接受你的观点，还会和你对抗到底。最好的方法是从侧面引导，先避开关键话题，再一步步地回到你想要说服别人的关键点上，只要有理有据、合情合理，对方最终会接受你的建议。

生活中每个人都要做出很多决定，由于各人对问题的认识，拥有的经验，看问题的方面不同，可能别人要做的决定与我们的想法不同，这时候适当地劝说会让当事人做出更明智的决定，但要注意，劝说的时机是非常重要的。

首先，劝人应当在当事人还没有打定主意时进行。当事人在做出决定之前，会把各方面因素放在一起考虑、判断，这时劝说人的意见会比较容易被纳入他的参考因素里面，从而会对决定的结果起到影响作用。但如果当事人已经做出最终的选择，这时候再去劝说，往往他会因碍于面子或者因有了倾向的暗示，不会采纳劝说人的建议。

其次，可以在他人犹豫不决时劝说。当一个人刚刚做出决定，开始实施的时候，即便看出这个决定行不通，但当事人正雄心勃勃，他人的意见很难被接受，这时可以耐心等待，等到执行的过程中出现了问题，当事人的信心开始动摇的时候，劝说人再拿出建议，这样被采纳的机会就更大一些。

最后，在他人情绪激动的时候，劝人很难取得应有的效果。这时当事人的思想完全被情绪控制，任何劝说都不会动摇他的信念，这时说出和他意见相左的话，只会让他的偏执更极端。面对这样的情况，只有想办法让他先冷静下来，才能听进去你的建议，并采纳你的建议。

在说服别人的过程中，我们必须不断地深入了解自己的问题，并且丰富自己对人对事的认识，否则，如果我们只是单调地重复我们已经说过的话，那么除了令人讨厌之外，恐怕达不到什么说服的效果。

因此，当我们要说服别人的时候，每一次见面，每一次谈话，必须添一点新的材料，多一点新的理由，加一点新的力量。当我们在推进的过程中遇到困难险阻，强攻收效甚微的时候，我们不妨灵活运用博弈心理学的理论，避其锋芒，从侧面发起进攻，瓦解对方的思维堡垒，取得心理博弈的胜利。

6. 借助组织行为学，让你的观点更具说服力

在日常生活中，人们常常遇到这样一种情景：你在与别人讨论某个问题，自己的观点分明是正确的，但就是不能说服对方，有时还会被对方"驳"得哑口无言。这是什么原因呢？博弈心理学家罗德里格斯认为，要争取别人赞同自己的观点，光是观点正确还不够，还要借助一些博弈心理学的方法和手段，必要的时候可以借助组织行为学阐述自己的观点。

美国亚特兰大的广播中曾一度充斥着保健药品的虚假广告，特别是那些所谓的性学专家——表面上看，他们是给人治病，但实际上却常常使用"如不治疗你将失去性能力"一类充满威胁的话来欺骗那些无辜的受害者，目的是推销他们并不确保有效的药品。更令人发指的是，他们的治疗方法也非常低劣，许多不幸的男士甚至因此遭受身心的双重摧残。但因为当时的法律不健全，他们极少被定罪判刑——只要交些罚款，利用一些关系，他们就能逍遥法外。这种情况终于引起了亚特兰大民众的愤慨，传教士、商界人士、青年社团、妇女团队一致公开地指责这些无良"医生"，试图将这些无耻的广告从广播中赶出去。然而，在政治势力与利益集团的负隅抵抗下，这些努力最终归于徒劳。

终于，有一位医生打破了这个尴尬的局面，他给亚特兰大广播电台的总编辑写了一封信，信中说道："我一直是贵电台的忠实听众，因为你们的广播中从来不宣传耸人听闻的消息，而对一些时事的评论又新颖独到，贵台无疑是这个地区最出色的广播电台，甚至从整个美国来看，我们都无法找到能与它媲美的广播电台。

"然而，"他在信中这样说道，"一天晚上，我与女儿一同坐在收音机前，贵台的广播中却传来男性壮阳药的宣传广告，而且里面含有很多有关性行为的隐私话题，女儿询问我广播中说的是什么意思……

"老实说，我感觉非常尴尬，就算我是医生，我也不知道应该如何回答。您的广播在亚特兰大绝大多数家庭中是必备品，这种情景发生在我的家中，也必然会发生在别人的家中。如果您有女儿，您愿意让她听到赤裸裸的有关性的广播吗？如果她听到了，还要您解释，您要怎么回答？

"真是遗憾，像贵台如此优秀的广播节目里却占用大段时间播放这种广告，使父母不敢让女儿收听，或许，其他成千上万的听众与我一样也抱有同样的想法吧！"

两天后，广播电台的总编辑给这位医生寄来了一封回信："亲爱的先生，接到您的来函甚为感激。您的正言明论促使我痛下决心，从下周一开始，本人将督促电台摒弃一切不合理的广告，虽一时不可完全剔除，但我们也将尽力审慎编撰，不让它们给听众造成任何不快。再度致谢并盼望继续不吝指正。"

整治不良广告，其实对公众、对社会都有莫大的帮助，但在一开始大家的指责和声讨并没有取得效果，而这位医生并未强硬地要求什么，只是利用有效的组织行为，使自己的合理意见变得更容易被接受。

其实，将一个好的建议转变成有效的组织行为并不难，博弈心理学家罗德里格斯推荐我们采用以下几个方法：

方法一：运用社会规范创造共识

当你要说服他人接受你的观点，或者同意你在某次交易中所持有的立场，利用社会规范来营造共识，并让对方看到这是一项颇为有利的工具。你可以先试着找出整个社会都认可的共识性观念，然后想一下用哪些方式呈现信息可以打动对方，以他人为榜样来采取行动。

人们都害怕与社会脱节，会不自觉地"随大流"，仿效多数人的做法。想让对方相信你的话，不如借助这种"群体力量"，比如暗示对方"现在流行这样",或者"前两天刚跟人试过这种方法"等。比如，自从在纳税申报单中附加上"十个美国人中有九个按时缴税"这样的标语以后，申报率有明显上升。

方法二：互惠策略

当你对着别人微笑时，别人通常也会用微笑回报。同样的道理，别人说话时点头鼓励、用肯定的目光看着他，当轮到你发言时，他也更容易肯定和相信你所说的话。

互惠策略的出发点在于，当人们感觉到亏欠别人且不好意思的时候，会大幅度提高做出反应的可能性。比如，如果服务生为顾客送上账单的同时，奉送上一条可去除口气的口香糖，那么顾客提升小费额度、支付小费的可能性会大大提升。

方法三：说出对方的潜在损失

向对方指明，如果他选择某种选项，会给他带来潜在的损失，就会让他产生一种紧迫感。在一项研究中，员工向主管提出一项技术项目，当员工向主管说明，若不实施该项目，有可能给公司造成多达50万元的损失时，相较于说明该项项目预计会带来50万元的收益，前者接受建议的主管人数增加了一倍。这种对机会成本进行描述的方法，往往会比简单地描述收益更有说服力。

方法四：表达共同点

在说服的过程中，如果可以找到自己与对方的共同点，成功的概率也将提高一倍，这种共同点是双方深入了解彼此、形成统一战线的关键。

方法五：发挥名人效应

多数人愿意听从专家或权威人士的意见，在说服别人时，不如利用一下"名人效应"，告诉对方"这是某某专家的建议"或"某位名人也喜欢这样做"，也许能收到事半功倍的效果。当然，把自己的专长充分展现出来，也能起到作用。

方法六：留下"证据"

只要承诺了，人们通常都会努力兑现。因此，谈好事情后让对方给出承诺，比如记在备忘录上、找个见证人等。下次遇到类似事情，就可以提醒他"您上次不是拍着胸脯保证过了吗"，让对方心服口服。

这些全新的、基于组织行为学总结出来的博弈技巧，远比一般的说服方式更有效。以这些技巧来武装自己，不仅可以在心理博弈中稳操胜券，而且可以使你更轻易地获得他人的认可与支持，并使他人更乐于付诸行动来帮助你把"好主意"变成现实，进而影响到更多的人，共同积极地参与到整个行动中，最终形成良性循环，你的意志也就变成了所有人的共同意志——人心齐，泰山移。

第七章
找共同之处，力求合作双赢

合作的收益要大于单独行动的收益，但只有对收益进行公平分配时合作才有可能达成。合作中每个人的目的都是使自己的利益最大化，那么如何在合作中获取更多的利益，则是博弈心理学所要解决的问题。

1. 利益链的两端一荣俱荣，一损俱损

中国有句成语叫"墙倒众人推"，是说一个人在受挫折的时候，大家乘机打击他。我们素来视雪中送炭为高尚的品行，而对墙倒众人推的行为表示鄙夷，但现实中，发生的更多的却是类似墙倒众人推的事件。这是为什么呢？或者下面的博弈模型能够说明这个问题。

假设一家银行的全部资金是A与B两个储户的存款。这两个储户每人存了100万元的定期存款，而银行把这200万元贷给某个公司做项目。按照银行的设想，项目完成投资收回以后，银行将还每个储户120万元。对于两个储户而言，20万元的利息的确也是一个不小的诱惑。

但是我们知道，在银行存款的一个原则是"存款自愿，取款自由"，也就是说，哪怕是定期存款，储户也有随时支取的自由，只不过是利息上受些损失而已。至于银行和它投资的公司的关系，本来，如果公司破产，银行到期也不能收回全部投资，但是为了简化问题，我们假设这家公司经营状况良好。如果银行在投资期限未到的时候要从公司抽回资金，它就要因为违反合同而遭受损失。

因为银行除了这两个储户的存款没有其他资金，而且这两个储户的存款还被贷给了公司。如果储户A在期限未到的时候要把在银行的存款取回去，也就意味着银行就不得不把它投资在公司的资金抽回。银行因为提前撤回资金要受罚，只能收回150万。这时，两个储户是否等待期满以后才取回存款的博弈如下：

如果双方同时提前支取存款，因为银行只有150万可供支付，每人可

得 75 万；双方期满才支取存款，每人可得 120 万；如果只有一方提前支取，那么他得到原来的存额 100 万，而银行因为被迫提前抽回投资，可动用资金只有 150 万，当另一储户在期满时来支取他的存款时，银行就要破产，他顶多只能得到 50 万的补偿，远远小于原来的存款额 100 万元。

明白了这样的博弈形势，我们可以看出这个博弈有两个纳什均衡，一个是最好的，即双方都待期满才来兑现他们的存款，每人得 120 万；另一个均衡就是双方争先恐后都要同时提前抽回他们的存款，每人得 75 万元。问题是，如果一个储户有提前取款的动向，另一个为了自己的利益不受损失，一定会马上跟进，要求同时提前兑现，银行的挤兑就这样发生了。

当然，在现实中银行不可能只有两个储户。我们可以假设银行有两万个储户，分析方法与前面还是一样的。事实上，绝大多数银行挤兑都发生在传闻银行经营不好、有可能破产的时候，一旦破产，储户的存款就可能遭受严重损失。

不光是银行，公司经营也面临同样的问题。一家公司能够得以正常经营，现金流是最重要的，一旦公司现金流断裂，出现资金无力为继，无论实力多雄厚的公司都难以支撑下去。所以公司最怕的就是所有债权人同时发难。但对于债权人来说，一家公司如果一旦进入破产清算程序，自己的债权就要大打折扣，如果要得早了，本来的 100 万可能全部要回或者要回 80 万，可是如果要得晚了，100 万顶多要回 50 万，甚至打了水漂。

分析上面的博弈事例，我们会发现这颇有些"墙倒众人推"的意思在里面，只不过在这个博弈中，所有的人之所以要推那堵要倒的墙，是因为有个人利益在里面，谁推得晚了，谁将承担更多的损失。但是如果我们能够转换思路，在墙有倒下的危险时众人不是推它而是纷纷伸手扶一把，将其加固，可能这堵墙还能继续为每个人遮风挡雨。

在全球化竞争的时代，存在竞争关系的双方也会有千丝万缕的联系，共生共赢才是重要的生存策略。在博弈中，应当力求与对手共赢，把社会竞争变成一场双方都得益的"正和博弈"。

2. 竞争的最好结果也不如合作双赢

林肯当选总统之后,一个议员批评他对敌人太好了:"您怎么敌友不分呢,对待敌人比对待朋友还好!"他觉得林肯不应该试图跟敌人做朋友。"是敌人,我们就该消灭他!"听了这位官员的话,林肯说了一句:"没错,我正在消灭他们哪!当敌人变成我的朋友时,我的敌人自然就没了,难道我不是在消灭我的敌人吗?朋友一千个不算多,敌人有一个都不算少啊。"

林肯对敌人的态度是将敌人变成朋友,这种方式不仅"消灭"了敌人,还壮大了自己,正是一种合作共赢之道。在当今这样的社会环境下,你死我活、两败俱伤的竞争早已不被提倡,与之相反,化敌为友、通力合作才是值得称道的处世方式。

竞争不如合作,只有给他人以机会,自己才能取得更大的机会,也才会取得长期的共存共赢。在商战中,要"共赢"还是分出胜负,这是很多企业都会面临的抉择。可惜的是,大多数企业看到的只是自己的利益,却没有认识到这一点:他们在某一方面取得了胜利,但是在另一方面则极有可能会付出同等的代价。目光短浅的决策者只想着不断地索取眼前利益,而不愿意去为长久的发展与谈判对手长期合作而谈判,所以这种博弈的结果往往是不是你输就是我输,最终也只能是"零和"。

"双赢"则是指一种互相妥协与合作的理念,谈判者不仅看到了眼前利益,还看到了长远利益,不仅看到了自己的利益,还充分考虑到了他人的利益。这样的谈判者在谈判时,就会综合考虑,本着利己也利人的原则去沟通,最终达成"双赢"的局面。将对手变成自己的朋友,势必会壮大自己的力量，使自己走向成功之路。

二战结束后，日本企业竞争力迅速下降。为了改善这一局面，20世纪50年代，日本经济界开始流行起了大企业之间合并、协作与产业再组织论。在当时，日本前首相佐藤荣作向企业发出号召时称："我们的国家已经进入了最危险的时刻，经济的全面崩溃是否能够挽救，就在于各位是否愿意发挥各自优势、帮助同行业的人了！"为了改变国际竞争力弱的现象，日本政府与各大经济联合体结合起来，做了大量的工作。

从1953年开始，政府开始允许大垄断企业之间进行相应的支持，并解除了现金流、人事互派、现金支股等方面的限制，使日本现代大企业的形成与发展进程得到了极大的促进，并出现了以三井、三菱、住友、芙蓉、三和、第一劝银为代表的"六大企业集团"和以日立、丰田、新日铁等为代表的"独立系企业集团"。

这些集团虽然在经营决策方面保持着自己的独立性，但是却有一个名为"总经理会议"的直接纽带来连接各个成员企业。这个会议定期召开，成员企业的总经理会在会议上交换信息、加深情感。同时，这一会议也是各个公司的领导统一决策、协调财团战略发展、应对外来竞争的"总枢纽"。

正是靠这种会议与相互持股为基础的联合体，各大财团的向心力也开始不断增强，企业间的合作、资源整合也在这种交流与协作过程得到了加强。这种表面看起来松散的日本财团，相互间拥有着紧密的联系，他们会在对方出现危机时，果断伸手相助。挽救东芝于危难之中、素有"重建之王"称号的东芝前任社长土光敏夫曾经便是三井财团旗下的集团社长。

综合商社是财团的另一核心组织，这一组织不仅是财团获得情报的重要机构，同时也是拓展海外市场的最大先锋，它对整个财团资源拥有巨大的协调能力。当日本企业进入某个陌生的地区与国家时，他们会在第一时间找到本财团综合商社在当地的分支机构，以寻求对方的协助。为了发展与壮大自己的综合商社，各个财团都会竭尽所能，提供各种各样的支持。

可以说，日本企业之所以能够在二战后迅速崛起，在很大程度上就是依靠财团所提供的各种信息与资源支持。

传统竞争模式中，企业间的竞争往往以对抗为中心，以至于过分关注对手的举动，并将大部分注意力集中在思考应对策略上，这种竞争模式使企业忽略了自身战略目标的详细制定，限制了自我创造力的发挥，导致零和局面不断出现。但事实上，竞争永远存在，过分敌视竞争对手只会让企业忽略同行业联手有可能带来的巨大利益。日本财团的战略联盟使日本的经济迅速腾飞，这一事实证明了一点：同行业之间互为共生的双赢关系的确存在。这使战略联盟的实施与发展得到了越来越多商界智者的支持与认同。

随着世界经济一体化的形成，企业经营逐渐全球化，世界贸易自由化趋势越来越强，企业所面临的竞争早已从国内延伸到了国际。在巨大的竞争压力与争夺全球市场的强烈动机下，企业只有采取联盟竞争的战略，通过各种不同形式的合作，才能创造出更强的竞争优势。

3. 资源的优化配置要靠合作来实现

大一新生兰博有一台崭新的平板电脑但身无分文，只要有人肯出480美元他就愿意卖掉平板电脑。而马丁有600美元，他想买一台平板电脑，并且愿意为此付出手中的600美元。两个人的选择都是成交或不成交。假设电脑的实际价值是570美元（但两人都不知道这一事实），两人愿意做交易，最后确定的成交价格是530美元。那么我们通常会说，在这场交易里面存在不公平的因素，兰博吃了亏，因为他把本来值570美元的电脑少卖了40美元，而马丁占了便宜，因为他只花费了530美元就买了价值570美元的电脑。

实际上是这样的吗？让我们以博弈论的分析方法来看看兰博、马丁双方在这场博弈中各自的收益：

兰博以530美元的价格卖掉他本以为值480美元的电脑，在他看来自己的收益多了50美元；马丁花530美元得到他认为价值是600美元的电脑，收益比预期也多了70美元。如果双方不进行交易，也就是兰博手里还有一台他认为价值480美元的电脑，而马丁手里还是他那600美元，双方的预期收益都没有增加。

我们观察这场博弈可以发现，如果选择交易，对双方而言可以获得更大价值的收益。也就是说，电脑从低估价的人手里转到高估价的人手里，通过带有合作性质的交易行为，双方的收益都增加了。

想要知道为什么合作能够带来收益，以及它比公平更能实现利益最大化的原理，我们就需要了解一下博弈学中所说的猎鹿博弈。

猎鹿博弈的模型出自法国资产阶级启蒙思想家卢梭在其著作《论人类不平等的起源和基础》中描述的一个故事：古代的一个村庄有两个猎人。当地主要的猎物只有鹿和兔子。当时，人类的狩猎手段比较落后，弓箭的威力也有限。而鹿比较大，眼力好、奔跑迅速、生命力强，还有一对有力的角，两个猎人只有相互配合才能猎获一只鹿。如果一个猎人单兵作战，一天最多只能打到4只兔子。

从填饱肚子的角度来说，4只兔子能保证一个人4天不挨饿，而1只鹿却差不多能使两个人吃上10天。这样，两个人的行为决策就可以写成以下的博弈形式：要么分别打兔子，每人得4；要么合作，每人得10。这样猎鹿博弈有两个纳什均衡点，那就是：要么分别打兔子，每人吃饱4天；要么合作，每人吃饱10天。

这个故事后来被博弈论的学者称为"猎鹿博弈"，它是博弈论中的一个著名的理论模型。通过对比单独行动与合作猎鹿的结果我们可以发现，"猎鹿博弈"明显的事实是两人一起去猎鹿的好处比各自打兔子的好处要大得多。用一个经济学术语来说，两人一起去猎鹿比各自去打兔更符合帕累托最优原则。

帕累托是一个人的名字，他是意大利的经济学家，他最伟大的成就是提出了"帕累托最优"这个理念。在经济学中，帕累托最优的准则是：经济的效率体现于配置社会资源以改善人们的境况，主要看资源是否已经被充分利用。如果资源已经被充分利用，要想再改善，我就必须损害你或别人的利益，而你就必须损害另外某个人的利益。如果用一句话简单地概括就是：要想再改善任何人，都必须损害别的人，这时候就说一个经济已经实现了帕累托效率。相反，如果还可以在不损害别人的情况下改善任何人，就认为经济资源尚未充分利用，就不能说已经达到帕累托效率。效率是指资源配置已达到这样一种境地，即任何重新改变资源配置的方式，都不可能使一部分人在没有其他人受损的情况下受益。

在猎鹿博弈中，比较（10,10）和（4,4）两个纳什均衡，明显的事实是，两人一起去猎鹿比各自去抓兔子可以让每个人多吃6天，我们说二人的境况得到了帕累托改善。

猎鹿博弈带给我们这样的启示：双赢的可能性是存在的，而且人们可以通过合作达成这一局面，合作是利益最大化的武器。如果对方的行动有可能使自己受到损失，应在保证基本收益的前提下尽量降低风险，与对方合作，从而得到最大化的收益。

推行适度的合作，可以使整体绩效进一步提高，但是这样的协作成功的关键是要有的放矢，善用资源，换句话说，不要为了协作而协作，而是为了提升绩效而进行协作。我们处于一个讲究双赢、多赢的时代里，一个孤军奋战的英雄往往难以成就大业，只有通过合作才能获得杰出的成就。

4. 只有互利的合作才有意义

前面我们讲过帕累托效率的概念：如果资源已经被充分利用，要想再改善某些人的处境就必须损害其他人的利益了，就说这个社会已实现了帕累托效率，或者说已经达到了帕累托最优。博弈论说明，非合作博弈的结局常常不是帕累托最优。

比如做好事该不该要报偿？在我们印象里，传统文化是耻于谈钱的，一个行善的人，就是品德高尚的人，这样的人就应该是重义轻利的。

但经济学家不这样看，他们认为：做好事就是促进人类福利的行为，这种行为不但应该鼓励，而且必须鼓励。只有这样，才会不断促进社会福利的提高。如何鼓励呢？给予补偿是最有效的。

这听起来让人不太舒服，其实，中国人的"道德宗师"孔子在两千多年前就提出过这样一个思想。

春秋时期，鲁国有这样一条法律：如果鲁国人在其他国家中遇见沦为奴隶的鲁国人，可以垫钱把这个奴隶赎回来，回国后再到国库去报销。孔子的弟子子贡曾花钱赎回过已经沦为奴隶的鲁国人，但事后并不到国库去报账，以显示自己追求仁义的决心与真诚。

孔子知道此事后，对子贡说："我知道你追求高尚，也不缺这几个钱，可是这个补偿你一定要去领。因为你自己掏钱救人，会受到社会的赞扬，但今后，当别人在别的国家再遇见沦为奴隶的鲁国人时，他就会想垫不垫钱去赎人？如果垫钱赎了人，回国后报不报账？不去报账，岂不是白白损失了一笔钱？如果去报账，在道德上岂不是会遭到非议？于是他就会装作没看见一样，这样一来，你的高尚行为岂不阻碍了对至今仍沦为奴隶的鲁国人的解救？"

又有一次，孔子的弟子子路救了一个落水的人，事后那人送了子路一头牛表示感激之情，子路坦然接受了。孔子听到后面有喜色，说："以后鲁国会有越来越多的人搭救溺水者了。"

子贡赎人却不受金，而子路救人却受牛，看起来是子贡的品德更高，但孔子不这样认为。因为人们如果以后要救人的话，就会想：既然子贡那样的贤人赎了人都不受金，我应该向他学习，赎人也不受金。而如果得不到相应的补偿，那么很多人就不会再去赎人了。也就是说，贤人在给人们做道德表率的同时，往往忘了相对于道德的名誉来说，实际的利益更能吸引人。所以从长远的角度考虑，子路救人而受牛的做法更为可取。

事实上，如果做好事得不到报偿，那么它就只能是少数人的"专利"，而不能成为社会公德。以职业道德为例，改革开放以前，营业员申斥顾客、工人消极怠工的现象屡见不鲜。随着市场经济体制的确立，社会职业道德水准在不断提高，作为消费者，我们可以享受"上帝"的待遇，可以处处见到微笑服务而不是处处受气了。不要小看这些，更不要因为这些微笑"只是为了赚钱"而斥之为虚伪，消费者和商家都能获益，这才是真实、稳定的双赢。

合作的本质是进行价值交换，即帮助对方的同时，也从对方那里寻求帮助。所以说，合作存在、发展的基础是彼此拥有相互利用的价值。如果你无法给他人提供价值，或者你认识的人无法为你提供价值，那么，这种合作的价值便很低，也很难持续下去。

心理学家认为，人的行为都是受欲望支配和驱动的，社交行为也是如此。平白无故的交际关系非常罕见，要么是因为情感的需要，要么就是利益的驱使。互利是双方合作的主导因素，因此，我们要把握好合作的度，学会控制利益，只要控制得当，对于合作会有很大的促进作用。

5. 公平是合作继续下去的保证

对于猎鹿模型的讨论，我们的思路实际只停留在考虑整体效率最高这个角度，但却忽略了效率与公平的冲突问题。如果仔细考察，我们会发现该案例中有一个隐含的假设，就是两个猎人的能力和贡献相当，双方均分猎物，可是实际上显然存在更多不同的情况。比如说一个猎人的能力强、贡献大，他就会要求得到较大的一份。但有一点是肯定的，能力较差的猎人的所得，至少要多于他独自打猎的收获，否则他宁可单独行动。

我们不妨做这样一种假设，猎人 A 比猎人 B 狩猎的能力水平要略高一些，或者猎人 A 的爸爸是酋长，拥有分配鹿肉的话语权。如果这样的话，猎人 A 与猎人 B 合作猎鹿之后的分配就很可能不是两人平分成果，而是处于优势地位的猎人 A 分到更多的鹿肉（比如可供吃 17 天的），而处于劣势地位的猎人 B 分得相对少的鹿肉（比如只够吃 3 天的）。在这种情况下，整体效率虽然提高了，但却不是帕累托改善，因为整体的改善反而伤害到猎人 B 的利益。毕竟如果不与猎人 A 合作，猎人 B 单独狩猎捕获的野兔可供 4 天之需，所以在这种情况下他不会选择与猎人 A 合作。

生活中不乏这样的例子。比如汤姆与迪克是好朋友，他们要合伙开设一家公司。开公司之前汤姆与迪克都给别人打工，假设其年薪都是 4 万美元。而二人合伙在利润分配上，约定汤姆拿 70%，迪克拿 30%，算下来汤姆每年可以分得 7 万美元利润，而迪克只能分得 3 万美元利润。这时相对于二人分别给人打工的收益（4 万，4 万），合伙开公司就不具有帕累托优势。因为虽然 7+3 比 4+4 大，二人的总体收益也改善了很多，但是由于迪克的所得3万少于他自己给人打工的所得4万，他的境遇不仅没有改善，反而恶化，所以站在迪克的立场，（7，3）不如（4，4）好。如果合作结果是这样，那么，迪克一定不愿意与汤姆合作。

这就涉及帕累托改善与帕累托效率的问题。在上一个例子中，如果汤姆、迪克两个人通过合伙做生意，收入从以前的（4，4）变成了（5，5），我们说两人的境遇得到了帕累托改善。而如果两人通过合伙做生意，收入从以前的（4，4）变成了（7，3），虽然总体收入有所提高，但是我们只能说这个合作体现了帕累托效率，称不上帕累托改善。由此可见，帕累托改善应是双方都认可的改善，而不是牺牲一方利益的改善。

"帕累托效率"与"帕累托改善"具有很强的现实意义，长期以来受到经济学界的关注。比如对于中国的经济改革，人们一致认为是一种帕累托改善的过程，因为虽然有一部分人先富了起来，但是总体上人们的收入增加了，相对于改革以前生活得到了很大的改善。也就是说，社会群体在改革中获益，尽管社会上存在一些不满情绪与不平衡心态，但人们对于改革的成果和必要性基本持肯定与赞扬的态度。

可是随着改革开放的深入，似乎越来越多的人又开始怀念起"大锅饭"的日子，其中就有帕累托改善逐步被帕累托效率取代的原因。因为"不患寡而患不均"，一旦在分配中忽视了公平，博弈中的弱势群体会有不满、牢骚、报怨、消极怠工，甚至会引发更大的矛盾。

我们反观现实生活中，很多老板自己消费出手绝对阔绰，但在给员工发工资时却是锱铢必较，甚至恶意拖欠工资的事也时有发生。在这样的企业下生存的员工，其发牢骚、报怨、偷懒、得过且过实在是再正常不过的事。因此，牺牲公平去追求效率，从长远看无法形成一个稳定的均衡。

与人合作共事，就应按照你愿意别人对你的方式来对别人，这样才能达到双赢的目的。建立一种默契的合作关系，离不开合作双方的相互理解、支持。如果合作双方因为想法不同，产生了矛盾，要最终达到双赢的效果，就要做到公平，让彼此心里都能感到平衡。

6. 关注共同目标，避免谈话走向冲突

达丽刚刚与一群手下结束了一场激烈的争吵。其实，刚开始时，这只是一次非常普通的谈话，是关于达丽提出的新的倒班方案，可是，到最后却变成了令人讨厌的争吵。在经历了长达一个多小时的斤斤计较与抱怨以后，她终于得以离开压抑的会议室。

在经过走廊时，达丽回想着到底发生了什么。一次普通的谈话，在短短几分钟的时间里，竟然变成了一场可怕的冲突，进而变成了一次失败的沟通，而且她怎么也想不起来是为什么。她的确记得有那么一会儿，她强硬地坚持着自己的观点（或许是太强硬了），于是，其他6个人一起瞪着她，并齐声发出抗议——在一片愤怒与不满中，达丽爆发了，在抱怨许久后，会议就这么结束了。

达丽没有想到的是，她的两名下属正在从走廊的另一边走过来，而他们正在详细地描述刚刚的会议——他们显然比达丽更清楚究竟发生了什么事情："这种事情又发生了，经理总是强硬地坚持她的个人计划，于是，我们都开始对着干。你有没有注意到，有一刻我们的头一起低了下去？当然，我其实和经理一样坏，我使用非常绝对的口气，只提出支持我论点的事实，接着还提出了一大堆古怪的主张——谁让她总是那么自我的？"

那天稍晚些时候，达丽与自己的朋友谈论起那次会议，朋友告诉她："你总是犯这样的错误，太过于关心眼前的计划与主张，而忽视了当时的形势，比如，其他人的感受、表现的方式、他们的说话声调一类的东西。"

此时，达丽才意识到，自己在冲突情境中总是只能专注于谈话的内

容——这本身就是一种缺陷。

遇到达丽类似的问题，聪明人总是同步处理，也就是说，当事情变得糟糕的时候，他们会一方面关注谈话的内容，另一方面观察人们在做什么，同时，他们还会研究这是怎么回事，以及为什么事情会变成这样。如果你能够知道为什么人们变得沮丧，或者为什么他们保留了自己的观点，甚至是沉默以对时，你就可以采取正确的措施，使谈话回到正轨上来。

当你的情绪变得激动起来时，你的大脑中就会被感性而非理性所占据。你开始准备逃避，你的视野也会变得非常狭窄。事实上，当你感觉自己被威胁时，你几乎无法看清自己的处境。同时，当你感觉到谈话的结果会对你造成威胁时，你就很难看清自己的目标。只有将自己从谈话的内容中摆脱出来，才可以使自己的大脑重新开始工作，使自己的视野变得开阔起来。

想要让对话不再失控，你就必须要正视这样的事实：只有拥有共同目标，谈话才能再次恢复正常。

共同目标是指，双方必须要认识到，我们的对话在朝着"得到同样的结果"而努力的；我们关心他们的目标、利益与价值。相应地，我们相信他们也关心我们的目标、利益以及价值。因此，"共同目标"便成为对话的首要条件：找到一个共同目标，你就既找到了一个好的交谈理由，又拥有了一个宽松的谈话环境。

你要如何知道自己面对的安全问题是由于缺乏共同目标而造成的呢？这非常容易：当目的面临危险时，沟通中就会出现争论——当他人开始将他们的信息强行加入信息库中时，通常是因为他们认为我们正在设法取胜，而他们也要这样做。

目标受到威胁的信号除了争论，还包括辩护、隐藏想法（恶意的沉默）、指责以及不断地绕回到原来的话题上。以下是一些关键的问题，可以帮助你判断共同目标是否受到了威胁：

1. 在这次沟通中，对方相信我是关心他的目标的吗？

2. 他相信我的动机吗？

3. 我从自己身上想得到什么？

4. 我从对方身上想得到什么？

5. 我从这段关系中想得到什么？

如果在一场会谈中，你的目的乍看上去只是为了使自己变得更好，你自然无法让他人意识到，你们之间是存在有共同目标的。假如你有一位掌握了核心技术的下属经常不守信用，直接告诉他这一点，无疑只会让他反感，进而产生防卫甚至是报复心理，因为他知道，你的目标只是为了让自己更好而已。

为了避免灾难，你必须要找到一个可以引发对方兴趣的共同目标，使他愿意听一听你的感受。当你能够让自己事先了解他人的观点时，你通常可以找到一种方法，使他们愿意接受你的观点。比如，下属的行为使你常常无法将团队项目按最后期限完成，或是他的行为使项目产生了额外的费用，以至于生产率降低，此时，你们便有了共同目标了。

如果你仅仅是想要通过权力或者职位来控制他人，甚至是一味地我行我素的话，这种目标很快便会不言自明，安全形势就会被破坏，而对话会立刻归于沉默或者语言暴力状态。因此，在发现沟通走向失控以前，反思一下你的动机。记住"共同目标"中的"共同"一词，为了使沟通成功，你必须要真正地关心他人的利益，而不是仅仅是你自己的。

7. 保持灵活敏感，让沟通建立于双赢

博弈学专家罗纳德·诺克斯教授认为，假如一味地单方面地固执己见、完全不去考虑对方的立场，很可能会让沟通变成愤怒的反抗。在这种情况下，若双方再莽撞地采取强硬的手段，则对方的立场很可能会引发愤怒的反抗；或者，对立的情况不仅能够化解，反而会向着恶化的方向发展。

要知道，不管是在何种组织中，都有这样的情况出现。没有哪项任务与工作是某人可以独立完成、不需要他人协助的，即使乍看起来，个人仿佛可以独立将某项工作完成，也必然会在某处与他人发生关联。

迪特尼·包威斯公司是一家拥有万名员工的大公司，早在多年以前，迪特尼的管理层便已经意识到了沟通的重要性，同时在管理、客户沟通中不断地对此加以实践。他们建立起了一套完整的沟通系统，这一系统不仅使员工、客户的合理要求得到了满足与倾听，同时还使公司的劳动生产率获得了极大的提高。

迪特尼公司每个月都会举行员工协调大会，在大会上，管理人员与员工坐在一起，对一些彼此都关心的问题进行协调与商议。这种会议是以标准的双向意见沟通系统为基础的。在开会之前，员工可将意见反映给与会员工代表，代表们会在会议上将意见转达给管理部门，而管理部门也会立足于"最大程度上双赢"的目标，针对问题进行合理而广泛的讨论。

这里有一些有关员工协调大会的资料，可以看出此类大会的沟通技巧与沟通原则：

问：若在上任之后，新员工发现工作与个人本身的兴趣不同，应该怎么办？

答：公司会尽全力对此员工进行二次安置，使其能找到发挥自我最大作用的岗位。

问：在公司里，只有那些连续工作了 8 年以上的老员工才有资格获得 3 星期的长期休假，在这一问题上，管理层是否能够将期限放宽，改为 5 年？

答：在员工福利方面，公司做出了非常大的努力，诸如员工保险、退休金福利与计划、意见奖励等。我们将会继续秉承这样的精神，对这一问题进行考虑，同时逐级呈报给上级，若批准的话，将会在整个公司中实行。

问：有时候，公司会要求员工在法定休息日加班，这种加班是否是强迫性的？若某位员工不愿意参与这种加班，公司是否会对其进行惩罚？

答：除非国家对员工工作时间设立新规定，否则，假日加班是自愿行为。当然，在公司处于销售高峰期的情况下，若大家都乐于加班，而少数人不愿意加班的话，管理层也会对原因进行仔细地了解，同时尽力加以解决。

每年，迪特尼公司在总部都会举行多达十余次的员工大会，还会在各部门中举行多达上百次的员工大会，而这一制度也获得了良好的效果：在 20 世纪 80 年代，全球经济出现了大衰退，迪特尼公司的生产率非但没有下降，反而以每年平均 10% 以上的速度递增。在公司中，员工缺勤率长期低于 3%，流动率低于 12%，属于同行业最低水平。

不管是何种形式的合作，说穿了都如同刺猬一般的生活：想要互相拥抱取暖，身上的刺便难免会使对方受到伤害，若是远远分开，又往往无法达到取暖的目的，所以，无论如何，都必须要将这种矛盾解开。

每一个人都会有自己的主见与个性，其看法也往往会随着时空的转移而不断地发生着改变。你对自我的认识与他人对你的了解，往往会存在极大的差距。因此，不管是何时何地，我们都应了解到对立存在的客观性。对立的种类与形式如此繁多，我们无法一一对之进行阐述，但是，永远让沟通建立于双赢的基础之上，是让合作保持顺利的关键所在。

想要让自己看到他人的利益切入点，让合作保持顺利，我们需要从以下几个方面入手：

1. 把握正确沟通的基本原则

沟通中使用恰当的方法会达到事半功倍的效果，反之则会适得其反，使沟通不欢而散，非但问题无法得到解决，还会产生新的矛盾。所以，在公平对等、认真倾听的基础上，双方应该就事论事，彼此之间不进行人身攻击、不揭短，并本着"求同存异"的基本原则去相互了解。

2. 为自己设立正确的位置

在进行沟通与说服之前，我们必须要确认以下几点：你对对方有什么样的要求？你希望对方至少做好哪些项目？想要检测效果，你应该从以下几点做起：

（1）将要求的内容分成必须要实现与可视情况进行让步两种，前者为基本目标，后者为非基本目标。

（2）制定"最低底线"与"最高上限"，即最低可做怎样的让步，最高可达到什么，前者可称为"开放位置"，后者为"下降位置"。

在进行沟通与说服时，我们需要先设定自己的位置，明确告之最高可为对方做怎样的事情，但最好不要提及下降位置，而是等到妥协到不可再妥协时再说出。在此之前，就算对方有意刺探，我们也应严加保密。

3. 将共同问题放在前面，对立问题放在后面

从最简单的地方着手做一些复杂而又艰巨的工作，才是最聪明的做法。若在开始时沟通便存在种种问题，那么沟通者应该就两者的共同利益点着手进行了解，努力使双方在最大程度上达成一致。

如果双方在其他问题上达成了一致，但是对方却依然无法接受你的要求，则不宜再继续坚持，而是应暂时搁放至一边，先就其他的事情进行沟通，在建立起了共同的利益基础以后，再重新来一次。

假如始终无法达成妥协的话，过去所花费的时间与努力便会全部浪费，因此，我们应把握好最后的时机，强调自身与对方沟通、合作的诚意。相信此时双方会因为该坚持的已坚持过了，并会就此接受。

第八章
正确的判断，是博弈胜出的关键

  无论做什么事情，只有综合思考，做出了正确的判断，才会走向成功。倘若判断本身就是错误的，那么不管怎样努力，也一定不会取得成功。做出正确的判断需要进行观察、了解、比较和分析，也只有进行这几个阶段之后，才能做出正确的判断，才能更好地指导自己制订计划，付诸行动。正确的判断是对我们直觉和能力的一种证明，也是博弈能否胜出的关键所在。

1. 以往的经验是人们判断的依据

经济学中，经济主体或行动者的行动通常是建立在演绎推理的基础上的，但是斯坦福大学教授阿瑟却不这样认为，他认为，上述主体的行动是建立在归纳的基础上的。为此，他提出了著名的酒吧博弈。爱尔法鲁酒吧是当地一家知名的酒吧。每周五，这家酒吧主打爱尔兰音乐时就会大爆满。当然，如果太拥挤的话，也会破坏气氛，那许多人就宁可待在家里了。但问题是，所有人都有类似的想法。

阿瑟解决问题的方式是这样的：假设想去酒吧的总人数为100人，如果实际上去酒吧的人数不超过60人，那么每个人都会很尽兴。反之，要是超过60人，将没有人开心。于是，人们只有在估计酒吧客人不超过60人的情况下才会去；否则便待在家里。假定每个参与者或决策者面临的信息只是以前去酒吧的人数，每个参与者只能根据以前去的人数的信息归纳出策略来。没有其他信息，他们之间更没有信息交流。那么，周五晚上人们到底该怎么估计呢？

这是一个典型的动态博弈问题，也是一群人之间的博弈。如果许多人预测去酒吧的人数多于60而决定不去，那么，酒吧的人数将很少，这时候做出这些预测则错了。如果有很大一部分人预测去酒吧的人数少于60，因而去了酒吧，则去的人很多，多过60，此时他们的预测也错了。因此一个做出正确的预测的人应该能知道其他人如何做出预测。但是在这个问题中，每个人预测的信息来源是一样的，即都是过去的历史，而每个人不知道别人如何做出预测，因此，所谓正确预测是没有的。每个人只能根据以往历史"归纳地"做出预测，而无其他办法。

从理论上说，上面的问题的确是一个难以解决的困境，但实际情况如何呢？为了求得答案，阿瑟教授设计了一系列以爱尔法鲁客满程度为主题的计算机仿真实验，连续运行 100 周。他创造了一群计算机仿真人，让他们各自采取不同策略，然后由他们自行运作。由于这些计算机仿真人员依循的策略不同，结果酒吧人数每周波动得很厉害，没有规律，而是随机变化，因此没有出现特定的模式，没有任何策略可供个人遵循，以确保选择正确。相反，所有策略大概都只能用一下就失灵了。不过，这个实验最引人注意的是：在这 100 周内，该酒吧的平均人数刚好落在六成满，等于群体希望的客满程度。换句话说，即使个人采用的策略都要视其他人的行为而定，团体得到的集体判断仍然非常理想。

这个问题后来被简化成了少数者博弈，可以说是改变了形式的酒吧问题。"少数者博弈"是由一位定居瑞士的名叫张翼成的中国人在 1997 年提出的。一个形象的例子是：有 A 和 B 两个房间，我们让 N（N 是个奇数）个人独立选择进入 A 或 B 房间。之后每个人按自己的选择进入房间，如果 A 房人数少于 B 房，那么进入 A 房的人就赢了。假设你知道了前几次 A 房的人数（当然，B 房的人数是 N 减去 A 房的人数），你如何决定下一次去哪个房间才能使你赢的机会最大？

少数者博弈可以运用于股票市场。每个股民都在猜测其他股民的行为而努力与大多数股民不同。如果多数股民处于"卖"股票的位置，而你处于"买"的位置，股票价格低，你就是赢家；而当你处于少数的"卖"股票的位置，多数人想"买"股票，那么你持有的股票价格将上涨，你将获利。而股民采取什么样的策略则多种多样，他们使用的策略完全是根据他们以往的经验归纳出来的，因而类似于这里的少数者博弈的情况。但是少数者博弈中一个特殊的结论不具有普遍意义，即：记忆长度长的人未必一定具有优势，因为，如果确实有这样的方法的话，在股票市场上，人们利用计算机存储的大量股票的历史数据就肯定能够赚到钱了。但是，这样一来，人们将争抢着去购买存储量大即硬盘空间大以及计算速度快的计算机了，但是至今人们还没有发现这是一个炒股票必定赢的方法。所以，我们可以从一些书中获知炒股的基本知识、操作流程或其本法则，但没有一本书、没有哪一个专家能够告诉你买哪只股票一定能赢。

也就是说，股市只有作为一个无法准确预测的混沌系统，才有存在的可能，也才能让那些无法预测其他股民将要买哪只股票、将要抛哪只股票的股民们，在"博傻"的游戏中或喜或悲，或乐或愁。

微软创始人比尔·盖茨说："花费数百元买一本书，便可以获得别人的智慧经验。然而，如果你全盘模仿，不加思考，那有时就会画虎不成反类犬。"经验的确是从不断实践中总结出来的宝贵财富，但是在面对问题时，我们还应该从客观出发，研究与认定其合理性，并在其中加入新的想法与见解，这才是获得真知的最佳途径。

博弈心理学

2. 永远不做大多数

我们通过了解上文中的"少数派博弈"可以发现，如果你成为一个"少数派"，你的选择往往是正确的。比如在酒吧博弈中，大多数人去了酒吧，而你成了少数的没去者，那么你是正确的；股市中，因为真正赚到钱的永远是少数，而如果你成了这少数人中的一员，那么你就有幸成为股市中的赢家。很多时候，"真理"的确掌握在少数者手中，否则成功者也就不会一再告诫我们"永远不做大多数"了。

2003年，一本名为《紫牛》的书在营销界掀起了一阵"旋风"。在书中，作者赛斯·高汀详细阐述了"紫牛"作为新的市场营销法则的理念：唯有让产品成为本行业中的紫牛，才有可能与众不同，出类拔萃，在不消耗大成本的广告运作下，让企业达到市场规模。

正如紫牛在一群普通的黑白奶牛中脱颖而出一样，精彩的营销应该是让人眼睛为之一亮的，把人们的注意力恰到好处地引向我们的产品和服务上的一门艺术。作者在书的开篇这样写道："见过10只奶牛以后，你就会习以为常了，可是在这个时候，如果出现了一头紫色的奶牛，你的眼睛就会为之一亮！这正是紫牛所揭示的真正含义：平庸总是导致失败，创新才是商业竞争中颠扑不破的真理。这个世界总是充满了平淡，消费者每天都要在市场中面对千篇一律的产品，就像普通的黑白奶牛一样。但是你可以肯定，只有紫色的奶牛才不会被人遗忘。"

"紫牛"所阐释的理念在营销学中称为"注意力营销"，而在博弈论中则被称为"少数派策略"。但凡成功者都属于少数派，因为他们从不跟在别人后面，还常常因与众不同而受到非议。事实上，千万富翁中有76%的人说自己在成长过程中学会了与众不同的思考，并认为，这是他们后来逐渐成为有成就的人所具备的重要因素。

有一个村子靠近大山，所有村民都以开山为生。大多数村民将石头卖给建筑商建房用，只有一个人喜欢挑选形状奇特而且美观的石头，然后运到码头卖给园林商人，比其他村民赚的钱多好几倍。

后来不准开山了，村里人都种果树，只有他种柳树。因为他发现好水果销量很好，但是水果收购商却为没有柳筐装水果而烦恼。只有他可以提供柳筐，所以他又比其他人赚到了更多的钱。

不久之后，有一条横贯南北的铁路从村口经过。村民们都在谈论如何利用铁路优势组建水果制品加工厂的事，而他却悄无声息地在自家地里砌了一道长达百米的高墙。这道墙一面朝向铁路，另一面则是绿柳环绕的万亩梨园。火车经过这里，乘客们便会欣赏到盛开的梨花，还会看到那面高墙上的巨幅广告标语。这是方圆五百里唯一的广告，也是最具特色的路牌广告，而他每年仅靠这面广告墙便可获得数万元的收入。

他有了一定的积蓄后，便去城里开了家服装店，因为款式多样而收入颇丰。日本丰田公司亚洲区总裁山田信一无意中听说了此人，被他罕见的商业头脑所折服，于是决定高薪聘用他。山田信一带着几名助理找到此人的时候，却发现他正在自己店外与对面的服装店老板吵架。原来这两家店正在打价格战。此人店里贴出全场9折的标语，对街店里则标出全场8.5折，等他把标语换成8.5折时，对面的店又标出全场8折。一个月下来，他仅卖出8件衣服，而对面的店却卖出800件。山田信一听说后顿感失望，认为他只不过是一个目光短浅的小商人。正当一行人准备返程时，助理跑过来告诉山田信一，经多方打听得知，对面的那家服装店的老板也是他。

开山大家都能想到，所以没人赚到大钱；种果树大家也都赚了不少，但是没人能发大财。将好看的石头卖给园林商人只有一个人能想到，所以此人赚了钱；种柳树也只有他一人能想到，所以他又赚了很多；墙体广告也只有他能想到，所以他又赚到不少；而自己开店跟自己竞争也只有他能够想到，所以他能够取得成功。

在现实生活中，资源是有限的，这就决定了在一个社会中，只有少数人能享受到多数的资源。为此，能够采取"万绿丛中一点红"的策略的人，无疑是极其明智的。虽然不是每个人都懂得这其中的博弈学原理，但是只要悟透了其中的智慧，一样会在人生的博弈中成为脱颖而出的胜利者。

美国石油巨头保罗·盖蒂认为，同样一件事，有的人能够想到别人所想不到的，结果就取得了成功。大多数人之所以没有取得成功，并不是因为他们没有条件，而是因为他们根本没有动脑思考，根本没有去想别人所想不到的事情。成功总是属于那些有思想、有远见的人，总是属于那些能够想别人所不敢想的人。那些目光短浅的人，永远都不可能取得成功。

3. 当别人贪婪时，你要懂得害怕

鼎鼎大名的"股神"沃伦·巴菲特是一个奇人，也是一个怪人。他11岁就开始炒股，现在已经90多岁了，却仍然像年轻人那样活跃在世界经济大舞台。多年来，无论世界经济如何风云变幻，潮起潮落，他一直在全球富豪的前三位。

某记者曾采访"股神"巴菲特，问他炒股有什么秘诀，如何才能在股市中盈利，巴菲特淡淡一笑，说道："炒股的道理说出来其实很简单，就是当别人贪婪时你要变得害怕，当别人害怕时你要变得贪婪。"

这就是巴菲特的炒股真经，如果以博弈论的观点来分析，则恰恰是"少数派策略"。采用这种的人，其思维方式看起来都有些"怪异"。但是这些看起来怪异的思维，却又非常正常，它就是我们常说的逆向思维。

从动物进化为人之后，我们就有很强的社会性，离开了社会，一个人是很难独立生存的。人的社会性我们无法躲避，但是，这种社会性对我们的负面影响，又必须克服。比如，凡事看趋势、随大流的思维习惯，有时就会发生问题。为什么股市中有那么多输家？为什么做生意永远是赚的少赔的多？为什么成功者永远是少数人？这些无不与人们随大流的思维方式有关。有了随大流的思维，你就无法采用"少数派策略"，你就会不假思索地跟着千军万马奔向拥挤的阳关道，偏偏忽略了没有人去走的独木桥。

理查·丹尼斯是美国期货市场的传奇人物，他曾以400美元滚雪球般地赚到了两亿美元，创造了期货市场交易的奇迹。丹尼斯成功的重要原因就在于他具备反向操作的理念，懂得如何进行反向操作。他发现期货市场存在着一种"市场心理指标",即80%的交易者看多,则表示头部不远了,行情会跌;80%的交易者看空,则表示底部不远了,行情一定会上涨。

丹尼斯认为真理只掌握在少数人手中,多数人的观点都是错误的,因为期货市场中的大部分人都在赔钱,只有区别于众人的投资理念和投资方法,自己才能真正获益,所以他总是能够特立独行、与众不同。

1973年,美国的大豆价格疯狂上涨,很快就突破4美元的大关,但是在前一年,大豆价格只在50美分上下徘徊,并没有太多上涨的空间,许多人依据历史的惯性思维,认定大豆价格不可能会继续增长,而且纷纷预测,认为大豆价格会大幅度下降,直至跌回1972年的水平,许多人害怕自己会遭受降价带来的损失,于是不敢再冒险,纷纷选择在此时放空。丹尼斯却并不这么认为,他对市场行情十分看好,认为价格还会上涨,于是大量买入大豆期货,结果大豆期货的行情大升,形势一片良好,价格又暴升三倍,一直涨到1297美分,丹尼斯于是大赚了一笔。

正是因为丹尼斯能够不随大流,坚持自己的想法,进行反向操作,才能把握住市场行情,为自己赚取丰厚的利润。

那些成功者之所以敢于舍弃阳关道,奔向独木桥,因为他们知道资源都是有限的。事实上,阳关道只有一条,而独木桥则往往多不胜数。如果所有人争夺的焦点都在有限的几种事物上,那么每个人都将面临十分艰难的处境。比如大学生毕业就业,大家纷纷瞄准大公司、政府机关、外企……他们会发现竞争异常惨烈。而有的大学生毕业后卖快餐、搞养殖、务农……却能开辟一条成功的大道,这不正是少数派策略在现实生活中给我们的启示吗?

法国作家古斯塔夫·勒庞的作品《乌合之众》里有这样一句话:"人群中积聚的是愚蠢,而不是天生的智慧。"博弈论学者们广泛赞同这一观点。的确,在人生的博弈中,另辟蹊径,找到多数人没有注意到的那座"独木桥",一样可以绝处逢生,甚至获得比那些走上阳关大道者更高的收益。

4. 学会选择，鱼和熊掌不可兼得

某小镇居民不多，只有一名警察负责整个镇子的治安。小镇的东边有一家饭店，西边有一家银行。某天镇里潜入了一个小偷，盯上了这两个场所。警察也知道这两个场所是最需要保护的地方，但他一次只能选择一个地方巡逻。当然，小偷一次也只能去一个地方偷盗。若警察恰巧选择了去小偷偷盗的地方巡逻，小偷便无法得逞；而如果小偷选择了没有警察巡逻的地方偷盗，就能够偷窃成功。假定银行需要保护的财产价格为2万元，饭店的财产价格为1万元。警察怎么巡逻才能使效果最好？

通过分析，我们会发现这样的情形：警察巡逻某地，偷盗者在该地无法实施偷盗，那么此时小偷的收益为0，此时警察的收益为3（保住3万元）。一般情况下人们会认为：警察当然应该在银行巡逻，因为到银行巡逻可以保住2万元的财产，而到饭店则只能保住1万元的财产。实际上这种做法却并非总是那么好，因为小偷也可能会这么想，那么他去饭店行窃则会顺利得手。

那么警察到底是应该去银行巡逻，还是应该去饭店巡逻呢？如果这名警察学过博弈论，那么他会选择用掷骰子的方法决定去银行还是去饭店。假定警察规定掷到1～4点去银行，掷到5、6两点去饭店，那么警察就有2/3的机会去银行巡逻，有1/3的机会去饭店巡逻，这是他的最优选择。

我们再来看小偷的最优选择，居然也是同样以掷骰子的办法决定去银行还是去饭店偷盗，只是掷到1～4点去饭店，掷到5、6两点去银行，那么，小偷有 1/3 的机会去银行，有 2/3 的机会去饭店。此时警察与小偷所采取的策略，便是博弈学中所说的混合策略。在这样一场博弈中，不存在纯策略均衡。

假设博弈中的每个参与者都有优势策略，则纯策略均衡是合乎逻辑的。也就是说，选取一个优势策略的结果比选取其他任何策略都要好，同样，选取一个劣势策略的结果比选取其他任何策略都要差。假如博弈参与者有优势策略，则一定会去选取；假如博弈参与者有劣势策略，则一定会去避免。

但是我们通过观察类似警察与小偷的博弈可以发现，并非所有的博弈都有优势策略或者劣势策略，而大家共同拥有的，恰恰是混合策略。解决混合策略问题的最好方法就是：不用刻意去想应该怎样解决问题。就像小孩子玩"石头、剪刀、布"的游戏一样，石头可以磕坏剪刀，剪刀可以剪布，而布又可以包起石头。你不会知道对手会出其中的哪一个，无论你怎么想，都不会得到一个最优策略。这种游戏中，最好的方法也许就是根本不要去想下次该出什么，想到什么就出什么好了，或者压根儿不用想，出什么就是什么好了。

人生的很多事情都是如此，常常就是鱼与熊掌无法兼得。所以当我们前进一步时，就应该懂得自己必将放弃上一步，否则就无法为继续前进做好足够的铺垫，你执着于眼前这一步，也许人生就会被困在这一步上，永远无法走得更远。舍弃不是一味地放弃，而是为了得到更多的东西，不懂得舍弃的人，只能看到自己走好了一步路，却不知道如何走好更多的路。

美国心理学教授斯坦利博士曾教导他的学生说："上帝总是给我们留下一个这样的选择机会，一条鱼和一根鱼竿，当我们迫不及待地想要品尝美味时，我们只能得到这一条鱼，当我们能够为美好生活作更长远的打算时，则理所应当地要选择一根鱼竿。"事实上，我们常常选择那些浅显可得的幸福生活，却忽略了打开幸福生活的那把钥匙。

5. 别让常规左右了你的头脑

赌场里有一种说法，新人手气好，总是赢钱。所以老手一般都不太爱与新人一起打麻将。为什么新人手气好呢？因为对于老手来说，他谙熟打牌的一般规律，并按照这个规律来揣测哪张牌是对方想要的、对手会打出什么牌。可是新人往往不懂这些规律，有时甚至乱出一气，反倒让牌场老手对他出牌的规律无法捉摸。实际上，并不是他的"手气好"，而是缺乏经验帮了他的忙。

因此，在一场博弈中，不让对方抓住你的规律就显得十分重要。比如一场重要的球赛开始前，一方的教练总要找出对方以往的比赛资料，与队员们共同观看、琢磨，以抓住对方各个球员的特点，球队总体的打法、球风等，以便于自己找出对策，战而胜之。实际上，在你研究别人的同时，别人也在研究你。从这一点上来讲，就看谁能把自己的"规律"隐藏得更深，或者让对方根本无规律可循。

的确，当对方出什么"牌"是不可预测的时候，很多人把这种情形视为获胜的机会均等。但是如果用博弈论的观点来分析却不是这样的，在混合策略均衡中，个人随机性才是产生博弈结果的主导因素。也就是说，不可预测性并不代表双方输赢机会相等，要想提高胜算的概率，就应该通过有计划地偏向一边而改善自己的策略，只不过这样做的时候要想办法不让对方预见。

比如上文警察与小偷的博弈中，警察侧重于对银行的巡逻，就是一种十分合理而且很容易理解的改善方式。同时，警察的巡逻方式不要形成规律，让小偷永远处于迷茫之中，永远不知道警察什么时候将在哪里巡逻。

当然，这是从警察角度考虑得出的最佳策略，如果从小偷的角度考虑，他采用侧重于饭店的随机策略可以获得同样的成功概率。这绝对不是什么巧合，而是两个选手的利益严格对立的所有博弈的一个共同点。这个结果称为"最小最大定理"，由哈佛大学荣誉博士、数学家约翰·冯·诺伊曼创立。

1928年，冯·诺依曼发表了一篇关于社会对策理论的论文。在这篇文章中，他证明了"最小最大定理"用于处理一类最基本的二人对策问题。这个原理如果用通俗一点的话说，就是在一场博弈中，你想赢利可能有几种选择，你当然愿意选择自己受益最大的一个策略。但是你的选择不能不考虑对方的对策，因为他跟你一样也是这样想的，所以你就必须把对方的选择也考虑清楚。比如你有两种选择，对方也有两种选择，如果你的一种选择无论在对手做出任何对策时效果都比另外一个好，这就被称为"优势策略"；另一方面，对手也明白你的优势策略所在，知道你会照此实行，所以他也会在自己的两个对策中选择效果最好的一种策略。这就出现一个令人惊讶的结果，即最大收益的最小值（最小最大收益）等于最小收益的最大值（最大最小收益）。双方都没办法增加自己的收益，因此这些策略形成这场博弈的一个均衡。

意大利著名文学家伊塔洛·卡尔维诺在其著作《寒冬夜行人》一书中写道："你知道，你所能期盼的最好的结果就是避免最坏的情况。"这个警句很好地说明了最小最大收益原理。

所有混合策略的均衡具有一个共同点，那就是每个参与者并不在意自己的任何具体策略。一旦有必要采取混合策略，找出你自己的策略的方法，就是让对手觉得他们的任何策略对你的下一步都没有影响，这也就是我们通常所说的"以不变应万变"。这种寻求对策的方式并非是朝向混沌无为的一种倒退，它符合零和博弈的随机化动机。

博弈中取胜的基本思路是要考虑对手的思路，所以博弈中还必须考虑到对手也在猜测你，无时不在寻找你的行动规律，以便有的放矢地战胜你。但是你也可以利用"规律"迷惑对手，在看似有规律的行动中，突然又"不规律"起来，这时对手往往就会手忙脚乱，从而使你在博弈中获胜。

对于自己而言，稳健是博弈的要务，想赢别人一定要先把赢的每一个环节都考虑周到，不能让对手发现任何真实的规律，否则，想赢别人的时候往往也正是你的弱点暴露得最明显的时候。如果没有真正了解对手的策略就仓促出手，对手就可能乘机抓住你的弱点，你可能反倒要输掉了。

冯·诺依曼博士认为，一场博弈中，你摸不清对方的规律并不可怕，但是如果对方的规律明显出乎意料，那么你一定要分外警惕，因为这可能是对方为你设置的一个陷阱。这对于日常生活也有很大的启示，如果一件事情听起来对你太有利了，几乎好处全在你这一边，你就要仔细地考察它的真实性了。

6. 使理智与情感相得益彰

要做出最佳策略选择，往往既需要理智的逻辑推理能力，还需要拨云见日的高等级情商。

在中国传统社会，有识之士经常提倡道德至上，但古人的见解不是止于这种程度，他们在看待世上诸事时没有简单地停留在情感阶段。思辨精神才是中国古人的最伟大贡献。我们在提倡中庸的孔孟之道、提倡无为而治的老庄思想之中，都可以看到思辨主义的精髓。诸子百家当时也是运用人的理智来进行着思辨，不完全是依靠情感的升华来认识这个世界的，他们依靠的是理性思辨与高尚的道德情操。

无数的古代事例告之后人，中国人惯用的打情感牌手段，其实是统治阶级实施专制统治的必要工具。居于高位的统治者从来不会为了获得情感而变得感性，他们只是高明地将理性与情感结合在了一起，让它们相得益彰地发挥了作用，从而达成利益最大化。同时，懂得让自身的理智与情感保持在一个均衡条件下的统治者，能做出对民有益，对国家有益的举动，而不会成为昏君。

春秋群雄纷乱时期，楚庄王是春秋五霸之一，他是中兴之王，在他身上发生了很多传奇的故事，"拒饮强台"就是其中一个颇具镜鉴意义的事件。一日，令尹子佩邀请楚庄王到自己的居所强台去饮酒，楚庄王当时很高兴地答应了。到了约定的日子和时辰，子佩却迟迟没有看到楚庄王驾临，子佩只能进宫去见楚庄王，小心翼翼地询问道："那日，大王答应到我的居所来饮酒，臣将一切都准备好了，您为何不来呢？莫非，是臣在什么事

第八章 | 正确的判断，是博弈胜出的关键

情上得罪了您？"楚庄王微笑着摇摇头，回答道："子佩无须紧张，不是这样的。你邀请我去饮酒，我甚是欣喜。但是我听说，子佩你所居住的强台是景色迷人的地方，还有人说到了强台，会使人其乐忘死。不瞒你说，我是个薄德之人，倘若真的到那样的地方去了，恐怕我流连忘返，不记得回宫处理政事了。所以我临时改变了主意，你能理解我的难处吗？"

听到这番话，子佩心中一阵感喟，完全没有了担忧和对楚庄王的怨怼。楚庄王这样严于律己，是每个楚国臣民之福。楚庄王此举不但是自律，还趁机向子佩展示了自己的作为一国之君的贤德，无形当中赢得了子佩的衷心和赞赏，而这件事情如果传了出去，其他的臣子也将更加悉心地辅佐他。另外，楚庄王也避免了独自到子佩家中饮酒，引起其他臣子争相效仿的可能性。如此，他选择了这样的策略，着实是高明之举，同时也在提醒臣子们，不要企图用酒肉声色来迷惑他，可谓一石数鸟。

楚庄王能够拥有这样的判断力，做出最佳策略选择，自然是因为他既发挥了理性的思维，也调动了感性的思维，考虑到了臣子的想法，也考虑到了自己的立场和整个国家的利益。

在春秋战国时期，还发生了一则可笑的故事，和楚庄王的事例正好相反，可以当作反面例证。有两位著名的勇士，一日相遇，他们相见恨晚，决定要痛饮一番再较量一下彼此的武艺，但是一文钱难倒英雄汉，两人都囊中羞涩，居然没钱买酒。一个勇士豪气干云地提议道："我们二人腿上的肌肉发达，身强体壮，为什么不割股自啖呢？"另一勇士竟然没有表示反对，同样豪情万丈地说道："诺！"

结果，最后两人都血尽而亡。

这个故事实在是可笑之极，也许你会说，哪会真有这样蠢的人，他们难道不知道割股自啖会血尽而亡吗？现代人的确不会犯这个荒谬的错误，那是因为我们知道人的血液流失到一定程度，生命就会有危险。但是那两个勇士并不知道，他们率性而为，没有想到自己选择的后果，只知道要满足眼前的需求，而不顾及其他。这是典型的不理智的思维方式，他们只专

注于自己当下的情感需求，一时冲动就做了决定，付出了惨重的代价。

其实人类文明是在不断进步的，之所以会进步，是因为人们在不断地总结前人的经验和教训，提高自身的理智思维能力，提高自身的认知水平，提高了自己的情商，也就是提升了博弈的层次。人类从原始社会的"不是你死，就是我亡"的争斗，发展到战火纷飞时代"既生瑜，何生亮"的智慧之争；从"同归于尽"的利益争夺发展到"伤敌一千，自损八百"的追求更少损失的策略；发展到现代社会更是学会了"斗智不好斗勇""与其两败俱伤不如求得共赢"的认识。于是，如今社会的发展和变化，不会总以"百废待兴"为代价来实现了。和谐共赢成了时代的主题，无论是在生活中还是在社会中的博弈，大多讲求共赢，以获得更长远的发展。

如今我们身处于现代商业社会博弈的浪潮中，制定规则的人最想看到的，就是无论如何竞争，博弈者们都能在整个局面中整体实现自身利益的最大化，以付出最小的损失为代价。要实现这个目标，我们需要使理智和情感相得益彰。

只有当理智和情感相得益彰，博弈者才能获得良好的博弈心态，这种心态恰恰是人们求得共赢的关键。例如，诸葛亮和周瑜在三国时期的争斗，他们两人都是那个时代顶尖聪明的能人，堪称天才的军事家，但是他们都想以最小搏最大，这里就出现了一个最大利益和最小付出的悖论。他们都想让自己付出最小的代价，博得最大的利益，结果到最后一个泣血而亡，一个遗恨祁山。在这场争霸斗争中，博弈的结果是双输。这是一个时代的悲哀，因为他们缺乏一个好的游戏规则，也缺乏现代的智慧，更缺少一个良好的博弈心态，于是只能得到双输的结局。

不过，也有人会说，理智和情感常常发生矛盾，如何调整冲突，让它们相得益彰不是件容易的事。可一旦你做到了这一点，理智和情感可以配合到几尽完美。终究在这个世界上要追求两全其美是困难的，这种困难不是说人们无法在博弈过程中找到纳什均衡点，而是人的一生总是处在左右为难的选择中，人们总会彷徨、挣扎、犹豫，也总是陷入进退维谷的悖论。

但倘若所有的博弈者都能够拥有理性博弈的心态，以大智慧也就是公开、透明、公正的博弈规则来实施利益的争夺，敢于通过创新或开拓新领域、新成就的策略来获得超额利润，那么商业社会中正和共赢的博弈就不再是妄想了，良性循环的商业生态将成为现实，到那时，人们也就彻底解开了利益最大化与付出最小化的死结。

7. 请躲避天上掉下的"铁饼"

天上不会掉下馅饼，天上掉下的只有"铁饼"。

在任何时候，人都要提醒自己耳聪明目，即使没有火眼金睛，也应将理智放在首位，随时注意身边的诱惑和陷阱，切忌贪心侥幸。只有这样才能最大限度地规避风险，将身处博弈环境遭受的损失降至最低。

《清朝野史大观》里记载了这样一则故事，告诫人们要正视自己的弱点，远离诱惑。

清道光年间，有一位刑部大臣名叫冯志圻。冯志圻平日公正无私，不好酒色，只有一个爱好，就是碑帖书面。但他为人严谨，从不在人前提及自己的爱好，赴外地巡视时更加小心谨慎，就是不愿让人抓住自己的弱点，并就此大做文章。但有一次，一位下属碰巧知道了他的爱好，择日送给了他一本宋揭碑帖。冯志圻很喜欢这个礼物，他明明可以打开看看，但却原封不动地退了回去。其实他打开看看再退回去也无妨，这样也不算收受了贿赂。但冯志圻叹息道："这是稀世珍宝啊，我一旦打开了，一定会爱不释手，哪里还舍得还回去。到时如果下属对我提出法理之外的请求，我应也不是，不应也不是了。倘若不打开，还可对自己说，这是赝品，不必念想。"他知道自己的弱点，因此干脆拒之于千里之外，闭上眼睛不看，这样就不会受到诱惑了。冯志圻所说的应当是肺腑之言，因为绝大多数人都有弱点，抵御诱惑的能力也非常有限。他了解自己，所以选择了这样的策略，为了避免犯错，所以远离诱惑。

冯志圻在诱惑面前，根据自身的性格特点，做出了最佳策略选择，也规避了身为官员疑似收受贿赂的风险。

且不论中国古代社会，当今世界更是纷繁复杂，到处充满着各类诱惑，例如功名、金钱、声誉、美色等，五花八门的诱惑仿佛一个个巨大的旋涡，只要你定力不够试图靠近，说不定就会立刻被卷入进去。我们的意志和定力无时无刻不遭受着考验，如果你没有把握让自己面对诱惑坐怀不乱，不如做出更为妥当的选择，那就是远离诱惑，对于那些不属于你的东西不闻、不问、不看。

有一则故事发生在一家公司招聘的过程中，当时这家公司要高薪聘请一名司机，给董事长开车。虽然是一场小小的招聘，公司高层却给予了足够的重视，招聘官通过层层筛选和考试，留下了三名技术过硬且具有丰富驾车经验的司机。最后一关的考题似乎与这个职位没有太大联系，题目是这样的：悬崖边有块金子，让你们三个人分别开车去拿，你觉得自己可以距离悬崖多近，在不至于掉落的情况下拿到这块金子呢？

由于并不知道正确答案是什么，也不知道其他竞争者的答案是否正确，三个人经过了短暂的思考做出了这样的回答：司机 A 说"两米"，司机 B 说"半米"，只有司机 C 说"我会尽量远离悬崖，越远越好"。

最后应聘的结果是，录取了司机 C。这道题考验的不是三个人的开车水平和经验，考官如果要考察他们的技术，直接让他们实际操作就行了，无须听他们的口头答案。很明显，主考官是想知道，哪个司机能够不受诱惑，更加理智。理性思维对于一位司机而言是很重要的，如果他在工作途中没有足够的理智，有可能无法保证行驶安全。公司招聘司机不需要这个司机有太高超的车技，他们需要的是开车稳，品性德行更稳的人。

保证自己的利益最有效的方法就是距离诱惑越远越好，因为诱惑总是在"悬崖"边上，你以为自己能够捡到便宜，实际上哪有不付出就能获得的道理。

你有没有上当受骗过？有些人会被骗子欺骗，深陷各种骗局，就是因为在巨大的不劳而获的利益面前，忘记了"将欲取之，必先予之"这个道理。那些设置骗局的人，利用的正是大多数人都有的侥幸心理和不劳而获的心态，会在和人们接触的开始故意说真话，当在小事情上取得大家信任之后，便在重要的关头设下陷阱，让人们一脚踩空。但是，即便公安部门如何告诫市民，不要相信某些中奖信息，还是有些人相信"天上会掉馅饼"这样的好事，继续上当受骗。这也就是骗子为何无法销声匿迹的原因。

曾经广为流传的"短信中奖圈套"就是这样较为高明的骗术。行骗者认为想要人们上钩，就要先给出一点甜头，他们采取了"将欲取之，必先予之"的策略，先牺牲一点利益，将免费奖品寄给人们，如此取得了人们的信任后，他们隔几天再打电话，说还有更好的奖品可以领取，但是因为物品价格昂贵，需要支付一定的邮寄费和手续费，他们便对人们说："只有你先支付一定的费用，我们才可把奖品寄给你。"等人们上了钩，果真按照他们的要求汇去了高额费用后，他们的电话号码成了空号，顿时人间蒸发了。

在我们与骗子之间展开的博弈中，如果我们能够时刻保持警惕，不贪心，牢记"天上不会掉馅饼"的至理名言，其实是能够发现骗子的拙劣伎俩的。骗子虽然十分狡猾，骗人的招数也是日新月异，但他们骗人的手段不见得有多么高明，只要理智一点稍加分析，就能够发现漏洞。例如有些中奖短信会假冒某些单位的名义，你只要对短信号码进行查证就能知道这些机构是从来不会举办类似的中奖活动的，就算有活动优惠也是开展面对面的活动。一旦你遇到需要你支付金钱的环节，无论他承诺给你任何高价值的东西，你都应当立刻提高警惕。

当你理智地面对看起来像是"馅饼"的各种诱惑，你就赢得了博弈的胜利，击败了骗子，让他们无计可施。

第九章
谈判过程中,把握博弈的关键点

有人说,谈判就是斗智的过程。言外之意,想要成为一个谈判高手,就必须在锋利的言辞、锐利的观察力与背后的尔虞我诈中获得胜利。但是,在博弈心理学中,谈判并非比拼计谋,而是一个在协调、对话中共同决策的过程。在这个过程中,原本有冲突的双方有可能立足于共同利益的基础上,获得双赢的结果。当你坐到谈判桌上后,你往往没有时间与时机周密地思考下一步,但你一定要把握博弈的关键点,否则双赢的结果便很难实现。

第九章 | 谈判过程中，把握博弈的关键点

1. 讨价还价中的大学问

A 与 B 两个人可以共同分享一个冰激凌蛋糕，但是前提是必须讲好应该怎样分。双方都知道，在这个过程中蛋糕会不断融化，因此他们都非常清楚只有合作才对双方有利，只是不清楚应该如何共享合作的果实。那么应该怎样才能赶在蛋糕融化前提出一个双方都能认可的分配方案呢？

最简单的方法就是一方将蛋糕一切两半，另一方则选择自己该要哪一半。这样，切蛋糕的人一定是努力让两块蛋糕切得尽量相同大小，但是在现实中，谁都不可能将两块蛋糕切得完全一样大，如果切出一大一小，那么切蛋糕的人就会吃亏。如果两个人都大度还好办，如果两个人都斤斤计较，那么就会出现一种结果：谁都不愿意先去切这块蛋糕。于是又有了另一种分配蛋糕的规则。不妨假设蛋糕总量为 1，A 和 B 两人各自同时报出自己希望得到的蛋糕的份额，如 3/4，5/8。这样两人报出的结果就会有无数种可能，但只有两人报出的结果相加为 1，方案才能被通过，比如 A 报 1/2，B 报 1/2；A 报 2/3，B 报 1/3；A 报 5/8，B 报 3/8……依此类推。

从蜈蚣博弈中我们知道，如果 A 报 7/8，那么 B 只能报 1/8，而 B 最好是接受这个结果，因为这是一次性博弈，如果 B 不接受，这样僵持下去双方都吃不到蛋糕，从理性人的角度来看这显然不会出现。但是在真实的生活中，这种毫不利己专门利人的博弈参与者出现的概率近乎为 0。除非 B 有其他目的，否则绝不会将 7/8 的蛋糕拱手让与 A，自己仅留下剩余的 1/8。正常情况下，B 一定会要求再次分配，这样一来，分蛋糕的博弈就不再是一次性博弈。问题是如果博弈一次次地进行下去，蛋糕就会融化，

双方还是一无所得,所以二人还得想办法尽快达成一致,好把蛋糕吃到嘴里去。

当分蛋糕博弈进入讨价还价阶段,博弈的基本模型也从最开始的静态逐渐变为动态。这种动态的讨价还价经常会出现在商界和政坛的博弈中,有关各方因总收益如何分配而产生矛盾,这个总收益其实就是一块大"蛋糕"。在讨价还价中,谁能占得便宜,这里面还有一定的学问,我们从下面的案例中就可见一斑。

鲍勃是一个家族企业的唯一继承人,可是由于他经营不善,导致企业资不抵债,一家人的生活也难以为继,他不得不将家中祖传的名画拿到一家典当行去卖。这幅画出自名家之手,鲍勃认为它至少值5万美元,而典当行的鉴定师也估不准到底值多少钱,但他知道最多值8万美元,不会再高于这个数了。

这样看来,如果顺利成交,名画的成交价格将在5万~8万美元之间。这个交易的过程不妨简化为这样:首先由典当行开价,鲍勃选择成交或还价。这个时候,如果鲍勃同意典当行的开价,交易顺利结束;如果鲍勃不同意典当行的开价而还价,所还之价典当行同意,则成交,不同意,则交易结束,买卖没有做成。

我们不妨用解决动态博弈问题的倒推法原理来分析这个讨价还价的过程。首先看第二轮也就是最后一轮的博弈,如果鲍勃不同意典当行的开价,只要他的还价不超过8万美元,典当行最终都会选择接受还价条件。

回过头来,我们再来看第一轮的博弈情况,鲍勃会拒绝由典当行开出的任何低于5万美元的价格,这是很明显的。如果典当行开价6万美元购买名画,鲍勃在这一轮同意的话,只能卖6万美元;如果鲍勃不接受这个价格而在第二轮博弈提高到7万美元时,典当行仍然会购买这幅名画。两相比较,显然鲍勃会选择还价。

细心的读者可以发现,这个例子中的典当行先开价,鲍勃后还价,结果卖方鲍勃可以获得最大收益,这正是一种后出价的"后发优势"。这一优势在这个例子中相当于分蛋糕动态博弈中最后提出条件的人可以分得更多的蛋糕。

事实上，如果典当行懂得博弈论，就会改变策略：要么不先开价，要么虽然先开价，但是声明这是他的最终报价，如果鲍勃答应就成交，不答应就一拍两散。这时候，只要典当行的出价不低于 5 万美元或者哪怕稍低于 5 万美元，鲍勃都会将名画出手。因为 5 万美元已经是鲍勃的心理价位，一旦不成交，他一分钱也拿不到，只能抱着名画挨饿受冻。

博弈理论已经证明，当谈判的过程是单数阶段时，先开价者在交易中拥有一定的优势；当谈判的过程是双数阶段时，后开价者具有一定的优势。

这在我们的生活中是非常常见的现象：非常急切想成交的，往往要支付较高的成本。正因如此，富有购物经验的人买东西、逛商场时总是不紧不慢，即使内心非常想得到某种物品，也不会在商场销售员面前表现出来。而富有销售经验的店员们则总会强调"这件衣服卖得很好，这是最后一件，错过了就没有了"，来让没有经验的顾客来不及讨价还价就迅速购买。

美国心理学家、企业定位专家克里斯滕森认为，在商业谈判进行到讨价还价阶段时，你一定要准备充分，争取先报价。如果对方是谈判高手，那么你就要沉住气，不要轻举妄动，要从对方的报价中获取信息，及时修正自己的想法；但是，如果你的谈判对手是个外行，那么，不管你是"内行"还是"外行"，你都要争取先报价，力争牵制、诱导对方。

2. 不可忽视的时间成本

有这样一则寓言：从前，有两个猎人一块儿去野外打猎。当他们发现一只大雁从头顶飞过时，其中一个拉开弓瞄准大雁说："我把它射下来煮着吃。"另一个猎人听到后，连忙劝阻道："鹅煮着吃还可以，大雁应该烤着吃。"

两人就煮着吃还是烤着吃争论不休，看到远处走来一位农夫，于是他们要农夫为他们评理。农夫觉得这个问题很好解决，只需要把大雁分成两半，一半煮着吃，一半烤着吃。两人认为有理，决定将大雁射下来，但这时大雁早已飞得不见踪影。

其实分蛋糕博弈也是一个道理，假如讨价还价的时间越拉越长，谈判的对象——待分割的蛋糕就会开始融化，至少是随着时间成本的增加，谈判结果所得的收益在不断减少。打比方说，你为了少花50元钱买一件衣服而花上两个小时讨价还价，即便以你的价格成交了，实际上也是得不偿失的，你因谈判而耗费的两个小时，实际上就是融化了的那部分蛋糕。

再比如在生活中，小两口之间因假期去哪儿游玩的谈判所耗费的时间就是一种成本，同时，夫妻之间的争执，对双方心理的伤害也是巨大的。很多时候，夫妻之间的感情破裂、情侣之间的不欢而散，就是因为这种鸡毛蒜皮的小事无法达成一致造成的。如果是情侣分手还好办，如果是夫妻离婚，随之而来的便是财产分割、抚养孩子等问题，这还会引起旷日持久的讨价还价过程，需要耗费更多成本。这也就是说，任何讨价还价的过程，都不可能无限制地进行。因为，讨价还价的过程总是需要成本的。

第九章 | 谈判过程中，把握博弈的关键点

在经济学上，这种成本被称为交易成本。在商业博弈中，假如一场谈判旷日持久，即便最后达成合作，那么卖家很可能已经失去抢占市场的机会，而买家则失去了使用新产品的机会。比如作家 A 有一本新书找出版社 B 出版，二者在版税及首印数上无法达成一致，导致谈判久拖不决。等最终确定下来，却发现市场上已出现同类题材的图书了。市场上有同类题材的书，就意味着即使你的书出版，市场份额也会相对缩小。而被其他出版者抢占了的市场份额，恰恰就是作家 A 与出版社 B 在谈判过程中融化了的"蛋糕"。理性的人们都知道这个道理，因此参与谈判的各方无不愿意尽快达成协议。

假如谈判双方都为了得到一个更有利于自己的结果而始终坚持，不愿意妥协，很可能最后得到的收益抵不上为谈判而支出的成本。狄更斯在著作《荒凉山庄》中就描述了这样的极端情形：围绕荒凉山庄展开的争执变得没完没了，以至于最后整个山庄不得不卖掉，用于支付律师们的费用，而争执的双方由于各不相让，最终什么也没有得到。

在解决企业乃至国际关系中的争端时，如果双方不考虑时间成本，长期僵持下去，同样会陷入两败俱伤的境地。比如企业与工会不能达成工资协定就会引发罢工，那么企业将会失去利润，工人将会失去工作，没人能得到好处。同样，假如各国陷入一轮旷日持久的贸易自由化谈判，他们就会在争吵收益分配的时候，赔上贸易自由化带来的好处。

谈判是一种像跳舞一样的艺术，参与谈判的人应该尽量缩短谈判的时间，尽快达成一项协议，以便减少耗费的时间成本，从而避免损失，维护各自的最大利益。正如本杰明·富兰克林所说："记住，时间就是金钱。"只有懂得节约时间成本，高效、合理地利用时间，才能成为时间的主人。

3. 假意放弃，以退为进

我们已经知道，如果"分蛋糕博弈"是重复博弈的情景，则谈判将会变得旷日持久；而如果把这个博弈变成一次性博弈，则情形就会相对简单许多。这种情况下，提出分配方案如果有合作的诚意，他通常就会考虑对方的需求，提出一个较为合理且能为双方都接受的方案。

谈判的最终目的是达成合作，因此，一个优秀的谈判者从来不把谈判当作一场争夺利益的斗争，而是把谈判看作是一个经营合作的事业。前面一章中已经提到，如果在一个类似谈判的博弈中一方只考虑自己的利益而不顾及对方的利益，对方一定不与你合作。因此，在谈判中适当地做出妥协，实际上对于谈判者来说常常是更好的策略，至少这使得谈判破裂的风险下降了不少。

妥协是促成合作的一个方法，而谈判中有时也会使用到与妥协相反的方法，那就是宣称绝不妥协来吓唬对方。比如有些情况下，谈判的一方会向对方宣称："要么你们在协议上签字，要么咱们宣布谈判破裂。我们已经不会再让步，也不想再奉陪了。"这实际上是一个最后通牒式的提议，因为对方现在只有做出同意或不同意的选择。比如一个人在买东西讨价还价时，一旦就价格问题与店主达不成一致而转身欲走时，往往店主会接受你的价格，或者报出更低的价格以图让你接受。每个人都经历过讨价还价，对类似于下面这样讨价还价的模式都不会陌生。

顾客：这件衣服多少钱？

店主：280元。

顾客：太贵了，便宜点吧？

店主：你能给多少钱？

顾客：80元。

店主：怎么可能，成本都不够。这是名牌，现在很抢手的。诚心买的话，200元卖给你。

顾客：不买！哪里值200元？这、这，你看这做工，太粗糙了！80元我就买了。

店主：算了，180元，真的不能再少了。不赚钱卖给你一件！

顾客：这么贵，算了，我还是不买了。（转身欲走状）

店主：……（无动于衷状）

顾客：……（真的走了，但故意走得很慢）

店主：唉……你要是真的想买，100元卖给你！没有比这再低的价了。（气急败坏状，边说边装衣服）

顾客：100元就100元吧！真是的，老板真会做生意，连个打车的钱都不让我省下！（一脸不情愿的无奈状）

由此我们可以看到，"转身离去"有时的确可以影响到讨价还价的结果。但是，它仍然存在两个不可忽视的问题，一个问题是若使用不当则可能强化对立情绪，发生言语或肢体冲突；另一个问题是这种做法是不可置信的，尤其是当谈判破裂对于"转身离去"的人本身不利的时候。

那么，怎样才可以使你的策略变得可信呢？一个有效的办法就是形成一个强硬的声音，而使得策略是真实可信的。比如许多大学教授都立有这样的"铁规"：拒绝给学生补考的机会，拒绝接受迟交的作业或者论文。这些教授因此会被冠以"无情""冷血""追命"等"名捕"的称号，但这对于教授们而言恰恰是最佳策略。因为学生一旦发现教授"好说话"，他们就会不认真准备考试、不按时上交作业与论文，考试与截止日期都将会失去意义。因此，"绝无半分通融"是教授所能采取的最好办法，因为学生既然知道教授毫不留情，所以只好乖乖地自己努力。

177

谈判专家马丁·乔瑟夫认为，逼近的时间临界点最容易让人们做出妥协。在谈判中假意放弃合作的行为，实际上是留给对方一个考虑时间，在时间压力下，原本在意的事情会显得"无关紧要"，一旦时间压力解除，个人注意力才会全面回归，而此时，很可能错误已经铸成。

4. 充分利用手中的筹码

崇祯二年（1629）十月，皇太极避开防守在山海关一带的袁崇焕，亲率大军从西路进犯北京。袁崇焕得讯火速率兵回师勤王。皇太极打不过袁崇焕，于是施用反间计使崇祯怀疑袁崇焕通敌，崇祯不辨真假，于敌军兵临城下之际将相当于北京城防总司令的袁崇焕下狱，然后派太监向城外袁部将士宣读圣旨，说袁崇焕谋叛，只罪一人，与众将士无涉。

袁崇焕部下众兵将听闻此讯，在城下大哭。祖大寿与何可纲惊怒交集，立即带了部队回锦州，决定不再为皇帝卖命了。当时正在兼程南下驰援的袁崇焕主力部队，在途中得悉主帅无罪被捕，也立即掉头而回。

崇祯见袁崇焕的兵将不理北京的防务，惊慌失措，忙派内阁全体大学士与九卿到狱中，要袁崇焕写信招祖大寿回来。袁崇焕虽然心中不服，但终究以国家为重，写了一封极诚恳的信，要祖大寿回兵防守北京。这时候祖大寿已率兵冲出山海关北去，崇祯派人飞骑追去送信。追到军前，祖大寿军中喝令放箭，送信的人大叫："我奉袁督师之命，送信来给祖总兵，不是朝廷的追兵。"祖大寿接过来信，读了之后捧信大哭，众兵将都放声大哭。这时祖大寿之母也在军中，她劝祖大寿说："本来以为督师已经死了，咱们才反出关来，谢天谢地，原来督师并没有死。你打几个胜仗，再去求皇上赦免督师，皇上就会答允。现今这样反了出去，只有加重督师的罪名。"祖大寿认为母亲的话很有道理，当即回师入关，和清兵接战，收复了永平、遵化一带，切断了清兵的两条重要退路，皇太极被迫全线撤退。

按祖大寿的想法："我是袁督师的部下，督师令我回师保卫北京，我二话不说就率兵回来了，皇上应该因此放了袁督师吧！"可是事与愿违，打退清军之后，崇祯没有如祖大寿等人所愿放了袁崇焕，最终还是对袁崇焕处以凌迟酷刑。可见祖大寿当初回师北京的策略是错误的。

那么祖大寿错在什么地方呢？显然，在这里，崇祯把袁崇焕给祖大寿的亲笔信当成了与祖大寿谈判的筹码，可是祖大寿却没有好好利用自己讨价还价的能力。祖大寿讨价还价的能力是什么呢？此时崇祯唯一害怕的就是清军攻入北京城，而只有他手上的这支军队才能解除北京城的危险。只要清兵一天不退，崇祯就一天不敢杀袁崇焕，因为这时杀了袁崇焕，则袁部将士必将不再保卫京师。此时如果祖大寿以"不释放袁崇焕，蓟辽将士绝不奉诏"来要挟崇祯，或许可能迫使崇祯释放袁崇焕，由他率兵退敌。而祖大寿之母的主张，实际上就是在自己有讨价还价能力的时候不去讨价还价，而等失去讨价还价能力的时候再向对方提要求。如果对方是君子还好，如果对方是小人，那么他自然不会再让步。事实也是如此，皇太极撤兵后，祖大寿上书皇帝，愿削职为民，以自身官阶及军功请赎袁崇焕之"罪"；袁崇焕部将何之璧率同全家四十余口到宫外请愿，愿意全家入狱换袁崇焕出狱。但此时强敌已去，崇祯再无顾忌，对祖大寿等人所请一概不准。

如果你想使一件事情的结果按照你预想的方向发展，那么你就应该预见你所采取的行为可能带来的恶果，并且赶在自己还有讨价还价能力的时候充分运用。比如一个客户要求某厂家赶制一批设备，那么厂家一定要在正式开工前把各种条件都谈妥，如果把工作完成了再去与客户谈条件，你将可能处于极其不利的位置，至少你已失去了谈判中的讨价还价能力。

"花开堪折直须折，莫待无花空折枝"，如果把这句唐诗用在讨价还价中，我们就可以解读为：一定要趁你还有讨价还价资本的时候运用它，等到你失去了这种资本，你开出的条件将很难再会被对方所考虑，你将在这场博弈中获得最小的收益。

5. 要想赢得谈判，必须适当做出让步

争吵中的双方，如果有一方做出了妥协和退让，那么这场争吵很快就会结束，对于双方都有好处。如果双方都争执不下，没有一方肯让步，那么争吵就会无休止地进行下去，最后双方都会筋疲力尽。

谈判有的时候跟争吵十分相似，都是为了自己的利益而讨价还价。如果双方都不肯退让，那么就无法达成合作协议。长期争执不下的谈判，对于谈判双方来说都是极大的损耗，因此很多大公司都会及早退出那些对自身毫无积极意义的谈判，以避免更大的损失。

在某大公司旗下的连锁超市于新城市开业时，供应商纷纷与其联系。布兰奇身为一家不知名品牌的代表，与该超市展开了进店洽谈。

整个谈判无疑是艰辛的，对方的要求简直可以用苛刻到离谱来形容，而且，他们还要求长达半年的账期。布兰奇向公司提出建议："若对方坚持如此，就应放弃合作。"

谁料想，在谈判搁置期间，对方的采购经理打来电话："我们希望你方可以提供一套现场制作的设备，以期在开业活动期间吸引更多的消费者。如果你方同意，那么合作应该不成问题。"当时，布兰奇恰好有一套设备闲置在库房中，可是，他却没有当即痛快地答应，而是提出了交换条件："我会尽快向公司汇报此事，争取在最短的时间内回复您。不过，如果您能向我们提供一个更合理的贷款账期的话，我们的合作将会更愉快。"

最终，布兰奇赢得了一个平等的合同，而超市也因为现场制作设备的引进，吸引了更多的客流。

谈判的目的就是为己方争取到最大的利益，但是，如果你逐渐发现谈判开始朝着不利于自己的方向发展，甚至到了若不退让谈判便无法继续下去的地步时，你便必须要对自己的让步进行规划。

谈判中能够做出的让步是非常有限的，一旦触及利益底线，那么，和解便没有存在的必要性。若你的产品成本是 12 美元，但对方却一定要求以 10 美元成交，此时，你的退让便显得没有价值了，它已经超出了你的承受极限。所以，让步策略往往会比前进策略体现出更大的刚性。

博弈心理学专家尼古拉·西格尔考教授认为，想要通过谈判达到合作的目的，双方有必要做出适当的退让，制定退让策略时应考虑以下几点：

1. 明确让步的节奏

若在最开始出现谈判困境时便采取大步退让的话，会令对方对退让产生"抗药性"。在大多数时候，同一种方式的让步多次运用往往会失去其效果，当你在之前采取了降价后，随后的谈判中，除非你能够给出更大幅度的降价，否则你的退让只会使对方失去兴趣。

同时，有些谈判者在参与谈判时往往会抱着"越多越好"的策略展开谈判，在这种情况下，就算你不断地让步，对方也会不停地要求，就如同饕餮一样，永不知足。所以，当你决定让步时，有必要采取一定的策略：

（1）让步力度只能按"先小后大"的步骤进行，一旦止步的力度与谈判节奏不符合，那么，之前的争取便会失去价值；

（2）让步需要按一定的层次差别展开，这次让步了价格，再需要让步时，就可以在货运、质量上提出建议。

2. 让步一定要有限度

美好的东西看多了，便会变得普通，这种心理疲劳同样存在于谈判中。每一次让步只能在谈判中的某一个阶段产生作用，它往往是针对特定的人物、事件与阶段起作用的，所以，不要期望你可以满足对方的所有意愿。在那些重要的问题上，你的让步必须要进行严格的控制，至少，你应该让对方感觉到，从你的手中获得的每一分利益都是难得的。

3．选择恰当的让步时机

过于随意的让步往往会使让步变得毫无价值，且会使对方的胃口越来越大，长此以往，便会使自我主动权丧失，引发谈判失败。让步需要在恰当的时机做出才会显得有价值，但是，在真实的谈判过程中，让步时机的选择往往会显得极有难度。不过，在以下时机做出让步是非常有必要的：

（1）对方主动暗示，若你做出让步，便可得到一定的利益，而这些利益恰恰是你需要的；

（2）对方强调，若不让步就要离开谈判桌，但这次谈判对你又很重要时；

（3）对方变得愤怒，而你们的关系对你来说又非常重要时；

（4）当对方的确要对你的"不让步"做出对你不利的行动时。

4．进行让步评估

"让步越多、回报越多"在谈判桌上是一种虚妄的想象，所以，应现实地评估你的让步所产生的具体价值。在让步以后，你应及时对自己的让步投入与自我期望效果产出进行对比分析，只有当以下情况成立时，让步才是有价值的：

（1）让步对整体目标的达成有帮助；

（2）让步投入的价值比它所产生的积极效益小；

（3）让步让你获得了更多的现实利益。

5．让步时态度要果断

拖泥带水、留下余地的让步只会让对方升起想要更多的贪欲，在退让时，你的态度一定要果断而坚决，并告诉对方你的让步目标。

若你的对手缺乏耐心，你可以采用"一次性让步"，使对手再无前进的可能性。若你遭遇的是有毅力的耐心型对手，你应更多地采用稳健、谨慎的"分步让步法"，就如同挤牙膏一样，不断地与对方讨价还价，使让步的数量、速度呈现出平均、稳定的状态。

谈判中，你不可能永远保持前进的姿态，所以，让步才会显得如此重要。也恰恰是因为让步策略是为总体目标服务的，所以，让步需要更慎重地处理。成功的让步总是能够起到以牺牲局部小利益换得整体大利益的作用，当你想要衡量自己的退让是否值得时，只需要思考一个问题：我离目标更近了吗？

第十章
博弈锻炼心智，成熟面对"得失"

我们如何看待博弈的结果？如果一个人不懂得正确看待博弈的结果，他就无法从中吸取经验，并将宝贵的经验转入下一场博弈过程中，这样的博弈是无益的、无效的。一个成功的博弈者能够在博弈过程中抓住机会锻炼自己的心智，正确面对"得失"，从而获得更多的现实经验和情感体验。

1. 不是每场博弈都得决出胜负

博弈的过程起伏跌宕，能够获得胜利固然重要，但并不是每场博弈都得决出胜负。如果在工作生活中太争强好胜，就很可能无法好好享受生活，无法体味人生的快乐和甜蜜。生活中有不少这样的人。

每年到了大年三十，大多数家庭都能和和美美地团聚在一起守岁，但是就是这个时候，有的小夫妻还要面临着一场博弈。很多结婚没几年的小夫妻会为了去谁家过年的事犯难，如果没能达成一致的意见，还会发生争执。孝敬父母是每个儿女都应该做的，想回家陪着自己的父母是人之常情，但很多小夫妻在外工作，一年到头可能只有春节时才能回家。岂料在这件事情上还要和伴侣进行博弈，只有博弈胜利了才能回自己的老家。结婚之前，恋爱的双方不存在这个问题，每到过年各回各家，除非决定要结婚了，才要商量着先去谁家拜见父母。但结婚之后，小夫妻就必须面对今年过年回谁家的问题。

假设有这样一对十分恩爱的夫妻，丈夫 A 与妻子 B，他们毕业后留在上海工作，在上海结婚。A 的家乡在宁波，B 的家乡在广州，结婚后的第一个春节，他们就面临着要去谁家过年的选择。由于两个人都是独生子女，平时很少有机会回家看父母，所以想回家的意愿都很强烈。他们也都非常孝顺，希望能带着爱人回家乡过年，让父母和亲戚朋友都知道自己现在过得很幸福。

有的人会说，那还不好办？各回各家不就行了！可问题是，A 与 B 是一对刚结婚不久的恩爱夫妻，他们都不希望分开过春节，单独回家过年肯定没有两个人一起回去快乐，而且那样一来父母还会怀疑他们夫妻之间感情出了什么问题，会问："为什么不把你老公（媳妇）带回来啊？"

我们来分析一下，两人有几种策略选择：

第一种选择，B妥协，两人回A家过春节，设定A的满意度为10，这时B的满意度只有5。第二种选择，A妥协，两人如果回B家过春节，设定B的满意度为10，这时A的满意度为5。第三种选择，双方意见实在无法达成一致，坚持各回各家，或者两人一赌气索性谁家也不回了，那么他们谁都无法过好春节，各自的满意度为0，甚至可能成为负数。按照他们两人恩爱的情况来判断，第三种选择应该不会出现，两人既然感情好，就总有一方会妥协。

根据博弈论中的优势策略，两人做出选择的原则应该是：无论对方选择什么，我选择的策略总能使我获得最大利益。然而我们在这个"春节回谁家"的博弈中，看不到哪一方能做出绝对的优势策略。回宁波过年不是A的优势策略，因为如果B坚持要回广州，A不妥协，依然坚持回宁波的话，自己的满意度只能为0。如果他愿意妥协，选择和B一起回广州，还能保有5的满意度。可见对于A来说，不存在优势策略这一情况，他的策略只能参考B的态度来确定。同样的道理，B也没有绝对的优势策略。

由此我们可得出结论：在这样一场博弈中，A只能根据B回广州过年的态度有多坚决，B也只能根据A回宁波过年的态度有多坚决，来做出自己的选择。也就是说，在这种博弈局面里，夫妻双方都不一定非要分出个胜负来，只有两人一起回宁波过年或者一起回广州过年，才是最好的选择。这样的纳什均衡能取得一方绝对满意、另一方相对满意的结局，从而避免了双方都不满意的情况出现。

倘若两人都很执拗，非要对方听自己的，谁也不愿妥协，那得到的就是最差的结果。之所以要在博弈局面里取得纳什均衡，是因为现实生活中会经常出现这样的博弈，当自己的利益与他人的利益，尤其是与自己关系亲密的人发生冲突时，你应当设法调整策略，假如眼前的局面不可能使你获得最大限度的利益，那么就退而求其次，尽管退了一步，也比让双方都什么也得不到的结果要好。

而且，这种类型的博弈可能是重复博弈，你在这一次损失了一部分利益，那么有可能在下次博弈中得到补偿。例如今年妻子答应了陪丈夫回家过年，那么明年丈夫陪妻子回家过年的可能性大大增加。

如此看来，学会妥协和退让并不会让你获得最差的结果。

再来分析一下夫妻离异时的博弈案例：当一对夫妻选择了离婚，且让法院裁定财产分配、孩子的抚养权等问题，财产分配问题可以通过标准博弈方式得到解决，但孩子的安置问题无法通过标准博弈方式来解决。因为一次性的司法裁决可以结束财产博弈，例如一栋房屋被判归某一方，基金、股票等进行了分割，家具被分配，等等，这场博弈就结束了。但对于孩子来讲，尽管法庭将此类安置问题作为一个标准式博弈来执行，例如采用让夫妻双方进行谈判、心理评估、监护研究、诉讼和其他环节来进行比较、评估，法院最后会做出裁定方案。表面上看来这场博弈也告终了，但在具体生活中，父母仍然要进行博弈，以求取得不同的收益，例如由谁来决定孩子的学校、就医的医院、补习班等。

如果夫妻双方在孩子的安置问题上出现了严重的分歧，非要分出一个胜负来，让对方听从自己的安排，让孩子遵照自己的安排来和对方保持某种距离的来往，可想而知，孩子的身心都受到了最大损害。

在孩子的生活中，父母进行的就是一场无限重复博弈，法院的标准式博弈事实上干预了父母在实际生活中普遍进行的扩展博弈。选择标准博弈方式并不利于解决问题，真正为孩子着想的父母会主动放弃一部分监护权，给孩子提供与另一方相伴的机会。通常父母陷入的博弈过程在本质上有成千上万个决策，这就变成了无限重复扩展博弈，许多现实生活中的决策要求父母双方一起介入，才有可能妥善实施。

总而言之，一旦我们陷入与自己有着亲密关系对象的博弈局面中，不如将"得失"看得淡一些，多为家庭的大局着想，多为孩子和伴侣着想，才能最大限度地赢得和谐美满的生活。

2. 博弈的意义在于过程

如果你没有得到一个好的博弈结果，但却从整个博弈过程中获得了经验、学识、教诲甚至快乐，那么这场博弈对于你来说，仍然是具有积极意义的。换句话说，博弈的意义在于过程，有时太看重结果反而并不能得到最好的结果。

女同学 C 和男同学 D 在一个班级读书，两个人原先的成绩不相上下，在小学时各门功课都很不错，但算上不拔尖。考上了现在的初中实验班后，C 在第一个学期的学习也保持得不错，每次考试的成绩处于中上等，她就觉得自己不错了，虽然上课认真听讲，但课后不复习，回家后写完作业的时间都用来玩。而且，她发现这样学习也能考得不错，于是开始不愿意写作业了。老师问她为什么作业只写一半，她的理由是：我都会了，还用得着做练习吗？D 也是特别聪明的孩子，但有的时候缺少一点小聪明，不是总能拿高分。他也不总和班上的前几名比，每天坚持按照老师的要求，认真地完成每份作业，就算是已经滚瓜烂熟的知识点，也认真复习，从不懈怠。这两个孩子，谁将来的潜力更大呢？

当时在班级里，老师会给每个学生评定行为分，也就是评估道德品行的标准，每个人的基础分有 80 分，如果做了错事就扣分，做了好事则加分。这个规则，能够很好地考核学生的日常行为习惯，当然这也只是考核学生行为习惯的方式之一。C 不爱做作业，别人复习时，她就去玩。老师一而再再而三劝说她，可她就是不听。后来，她还经常得意地对同学说："我才不做练习呢，考试的前几天我多看一会儿书就行了，一样能考高分！"她对自己的要求也不够严格，不想考第一，认为只要能考入前十就足够了。结果，C 的行为分因为缺勤、不做作业被扣到了 60 分，险些不及格。D 提醒 C 在这个时候赶紧好好表现来求得加分，但 C 还是一副不在乎的样子，行为分扣到不及格也无所谓。

等到评比优秀学生的时候，班级同学一致推举 D，而 C 只得到了极少的票数。这时她开始有危机感了，接下来她在学习上也遇到了困难。过去她总是追求高分的结果，对于解题过程不加注意，能蒙对猜对题目的情况越来越少，因为学科的知识点变难了。后来的一次考试，让她彻底得到了教训，因为学校评判卷子的标准发生了一些改变，每道解答题会按照步骤给分，光答案正确但没有详细的步骤，是得不到满分的。结果，那一次考试，D 的数学考出了全班最高分，C 却只得到了一个"良"。

在学校里，老师告诉学生一定要搞清楚解题的过程，其实是为了培养学生分析事物的能力，发展他们发现问题的能力。这些能力不是简简单单就能形成的，也许有时候耍小聪明能够得到正确答案，但缺乏分析能力，且不善于发现问题的孩子，不容易吸收并消化更多的知识。只有当你形成了一个科学的思维模式，学习时便能够发现知识点之间的联系，发现不同类型的习题如何区分开来处理，这样即使遇到从未见过的题型，也能一步一步推出正确结论，也就不用死记硬背解题过程了。

试想一下，如果简单的问题你都不会分析，复杂的事情就更不懂得如何分析了。在我们的生活中，遇到的问题都是逐渐复杂起来的，因此你应当沉稳地面对博弈，努力培养自己的各种技能，不要跳过学习的过程，要努力提高分析能力，这样就能在各种博弈过程中得到更大的收获。

这个道理也能用来解释，为何有的人投资会成功，有的人投资总是失败。

要修炼高明的投资手段和精准的眼光，首先不能只关注结果。投资是一种风险决策，当一个投资项目的正期望值越高，就说明这是一次好的投资机会。但即使是好的投资机会，也不是每个人都能赚得到钱。投资的过程很像是在进行牌局博弈，这一次你如此出牌，结果输了，其实并不代表你出牌的方法错了，很可能是你碰到了一次小概率事件；当你下一次遇到同样的局面时，应当继续按同样的方法出牌。简单来说，不能单凭结果来判断自己的投资手段是否正确。一次失败就把你打垮，这可不行。另外，由于理论上投资都是有风险的，所以我们在投资时必须做好风险控制，只有具备了良好的风险控制能力才能成为赢家。

事实上，投资不需要极高的智商，更不需要掌握太高深的理论。对此，彼得·林奇曾说："哲学、历史学得好的人比学统计学的人更适合做投资，因为投资要做得好，关键是心态要好、性格要稳，急躁、心理脆弱、情绪波动大的人是不适合从事证券投资的。"将这个观点放大来看，就是说投资的人应当擅长总结经验，懂得思考，能够从失败当中摸索出门道，每一次的博弈过程对于他们来说都是有益的。所以，我们应当更看重投资的过程，而不是结果。

单笔交易的得失并不重要，如果你在投资时能够注重过程的正确，就有可能成功。毕竟在股市中，影响股价变化的因素太多，不能预料到的情况也太多，任何人都不能以一两笔交易来衡量成败。正因为投资充满了变数，所以根本不用去费心预测短期的行情波动，精确到具体个位点数也是没有必要的，天天看盘，一周看市，其实都没太大意义。实际上，你只要能够把握股市最粗线条的大趋势，你就拥有了大智慧，能够博得长期的胜利，而不是短期的收益。

而且不同的人承担的风险不同，例如这个人对某一只股票有着充分的了解，其所承受的风险自然要比不了解的人要小，获利的概率也就相应提高了。

当我们面对每一场博弈，都能运用"先为不败，然后方可求胜"这一孙子兵法中的金玉良言，你定然能够厚积薄发，而后一鸣惊人。

3. 公平不等于平均

每个人都会有感到委屈的时候，我们觉得委屈，对胜负输赢难以释怀，多半是因为受到了不公平的待遇，或者得到了不公平的博弈结果。但是，绝对的公平存在吗？

这里要讲到一个博弈论中的重要理论：公平≠平均。

以下面这个典型的事例来做分析：

杰克和汤姆是好朋友，这一天结伴去郊外游玩。到了吃午餐的时候，两人都把各自带的食物拿了出来，很巧的是，他们带的午餐都是比萨饼。只不过杰克带了3块，汤姆带了5块。他们把各自的比萨饼拿出来准备一起分享，这时，有一个过路人走了过来，是经过这里的游客。这位游客看到他们正在共用午餐，于是客气地询问道："打扰了亲爱的朋友，我走了很久，这附近没有餐馆，而我什么吃的东西也没带，现在饿极了。我看你们的午餐很丰盛，所以想问问你们愿不愿意分一点食物给我呢？"

听了游客的这番话，杰克和汤姆相互看了一眼都笑了，立刻回答道："可以啊，你就来和我们一起共享这8块比萨饼吧！"因为三个人都饿了，他们很快就将这8块比萨饼吃完了。游客准备跟他们告别，临走时他为了表达自己的感激之情，送给了他们8个金币。就是针对这8个金币的分配问题，杰克和汤姆发生了争执。他们虽说是非常好的朋友，但在利益面前，都露出了自私的一面。

两人对于怎样分配这8个金币，各执一词。

汤姆这样对杰克说道："我带了5块比萨饼，但你只带了3块比萨饼，所以按照这个比例来算，我应该分到5个金币，而你就应该分到3个金币。"杰克对这个分配方案不是很满意，于是反问道："但是这8块比萨饼是我们三个人一起吃完的，就应该平分这8个金币吧！我和你应该每个人4个金币。"

于是，两人为此争吵了很长时间，最后也没有达成协议。后来杰克提出建议，说要去找公正的夏普里来决定如何分配这8个金币，让第三方来帮他们做出决定。夏普里听说了这件事情后，笑着对杰克说道："孩子，你为什么不答应杰克提出的分配方式呢？要知道，汤姆答应分给你3个金币，你已经占了便宜，应该心存感激才对。如果你非要公平分配的话，你所得到的就应当是1个金币，而不是3个金币。相反，汤姆应当分得7个金币，而不是5个金币。"

听到夏普里这样说，杰克疑惑地问道："不是吧，为什么我只能得到1个金币呢？至少我也该有3个金币吧。"

公正的夏普里这样对他们两人解释道："首先，你们要清楚最关键的一点：公平的分配并不是平均的分配，公平的分配必须建立在一个重要标准下，那就是要考虑当事人所得与其所付出的比例。游客、杰克和汤姆三人一共吃了8块比萨饼，在这8块比萨饼中有杰克的3块，有汤姆的5块。你们三个人的饭量都差不多，也就是说每个人都吃了8块比萨饼的1/3，也就是8/3块比萨饼。在游客所吃的8/3块比萨饼中，其中杰克带的比萨饼占了1/3（3-8/3 = 1/3），而汤姆带的比萨饼占了7/3（5-8/3 = 7/3）。如此可以得出结论：游客所吃的比萨饼中，汤姆的比萨饼所占的比例是你的7倍。按照公平分配的原则，汤姆分得的金币比例应该是你分得金币的7倍，由此计算得出的结果是：你分得1个金币，汤姆分得7个金币。"

杰克和汤姆两个人听了夏普里的解释，都觉得有道理，于是杰克得到了1个金币，汤姆拿到了7个金币。试想一下，如果杰克不是那么贪心，接受了汤姆的提议，其实能得到更多的金币。他心里所要求的"平均"其实和实际的公平分配并不相同。

我们通过这个故事可以得出结论，公平不等于平均。

当你发现别人的工资比你的高一些，当你发现年纪大的员工比你的分红多一些，当你发现领导对你的重视不如对其他人多时，你不应该愤慨，而应该用夏普里的计算标准来检查自己的所得。同时，我们也明白了所有的公司、企业都要对员工实行岗位责任制、实施绩效考核的原因。因为这些才是保证分配的公平的规则。完全要求平均分配的机制，并不能实现公平。

4. 心灵的成长最重要

你有没有思考过这样一个问题：在每一次博弈过程中，最佳策略选择是不是忠于你内心的希望和想法？

"是"或者"不是"。如果你的最佳策略选择，不是忠于自己内心的希望和想法而实现的，你可能无法在最终的博弈结果中得到你真正想要的东西。这也就是为什么人们要讨论这样一个问题，因为在博弈过程里，心灵的成长其实比能力的提高更为重要。

在这个世界上，有种种伦理道德规范和约束，这些规则的建立，是为了帮助人们更好地发现内心的愿景，让符合现实的决策来成就一个和谐美好的世界。现今社会，大家所看到的道德伦理约束、法律法规存在的目的，是为了让人们在生活中能够更好地对待彼此，从彼此身上获得爱和快乐。每个家庭、个人将在这些普遍存在的规则中建立自己的生活标准、工作原则，用这些标准或逻辑规则来衡量自己的身心，丰富内心，提高心灵的纯净度和坚韧度，以便更好地维持各种博弈关系中的平衡，让自己的行为进入一个持续性的良性循环。

存在主义哲学将"选择"视为最主要的命题，这与人本主义心理学将自我实现视为最高价值的观点如出一辙。这两种理论都认为，人的"存在"与"选择"的关系是，你选择了，你才真正存在过。说通俗一点，人要有自主进行决策的机会和权力，如果你总是被他人选择，那么你就无法实现自身的价值。由此，我们在面临选择时，是否应当完全按照自己的意志来做出决策，他人的意志与自己的意志产生冲突时，我们应该如何做。

这也是一个在生活中常见的命题，其关键问题在于，很多人喜欢把自己的意志强加在别人身上却不自知，还认为这是无比正确的做法。还有哲学家认为，一个生命存在的过程，就是自己不断地与别人的个人意志做较量，进行博弈的过程。别人可能会把意志强加给我们，我们也会将意志强加给别人。而且，当人们在做选择时，通常不会感觉到将意志强加到了他人身上，却能够感受到别人将意志强加在了自己身上。当意志发生了这种强加的行为，你最常听到的说辞是："我这样做，是为了你好啊！"

是不是真的为对方好，其实不是由做选择的人说了算，而是由被选择的人说了算。关于这个问题，以色列哲学家马丁·布伯指出，不管你是有心还是无意，只要你将对方视为实现既定目标的对象和工具，那么即使你的目标再好、再伟大，也实际上都给对方造成了一定程度的伤害。

这其实是最隐蔽的心灵博弈的过程。

著名的寓言小说《盔甲骑士》中描述了这样一段故事：一位骑士对导师梅林说："我很爱自己的妻子和儿子，我所做的一切都是为了他们着想，但是他们一点反应都没有。"这时梅林反问了他一句："你有没有把需要当作爱？"骑士想了想，恍然大悟，原来他应当由心而发地"爱"妻子和儿子，不论妻子和儿子是不是回报自己，自己都应当一如既往地"爱"他们。他之所以会觉得沮丧，是因为将妻子和儿子当作了自己爱的对象和工具，说简单点，骑士只是将自己的意志强加在妻子和儿子身上。所以尽管他很爱自己的妻子和儿子，却没有真正从他们的角度来审视自己的所作所为，因此妻子和儿子对他的爱没什么反应，因为骑士的某些行为看起来是"爱"，实际上却伤害了他们。

我们在生活中要避免犯下这种错误。举一个浅显的例子，当你爱上了一位美丽的女孩，对她展开了猛烈的爱情攻势，但她对你没有感觉，不断地拒绝你的示爱。你却不愿意放弃，即使她寻找到了合适的男友，也仍然默默关心着她，时不时发短信给她，送礼物给她。你认为自己这样做，能使她拥有更多的幸福和快乐，如果她和男友吵架，你还可以适时出来帮助她、安慰她。但你有没有想过，自己的行为会给她造成困扰，她会因为你的紧追不舍而感到为难，不忍心对你强硬到底，结果有可能因为你的缘故与男友吵架。这时你本着牺牲自己的精神去安慰她。你以为自己很伟大，然而她当真需要你的这种自以为是的"爱"吗？从头到尾，你都在不断动摇她、扰乱她，把自己对爱情的向往强加在她的身上，而忽略她真正的需要。

如果你当真爱她，真的为她好，就该远远离开她。

作为被选择者似乎是被动的，有时还是不幸的，不过自己给自己的人生做决定，就意味着你必须为自己的决策负责，如果你因为自己的选择得到了不好的结果，例如受到了感情伤害、欺骗，不要怨天尤人，不要一味地沉溺在"这个负心汉太可恶了，害得我这么惨！"这种言论中。要知道，当初选择他的是你，认可他的是你，相信他的也是你。很多人惧怕担负选择责任，于是宁愿被别人决定，例如无法判断男友是不是有前途，就听从父母的安排，嫁给了见过几次面的富家子弟。因为别人都说这个人条件好，于是你就对自己说："好吧，既然他们都这样认为，那我就听从多数人的选择吧。"

而当被别人决定了，自己获得的还是不好的结果，你这次又该埋怨谁？

为了增加博弈的胜率，为了不让自己后悔，我们还是应当正视选择，勇于在博弈的过程中考验自己的心智，让心灵得到成长和锻造。

人本主义心理学的代表人物罗杰斯认为，要想满足自我实现的需要，就要成为自己。也就是说，在每次做选择时，你是不是在做自己？

倘若在过去的生命体验中，我们是被动参与的，或者说接受别人强加在自己身上的意志，那么我们就不是在做自己。反过来说，倘若我们主动参与了过去的生命体验，今日的生活状态、工作或恋人，都是我们自己心甘情愿选择而得到的结果，那么不管你现在是快乐还是痛苦，你能感觉到你在做自己。

当你感觉不是在做自己，那么，无论别人强加给你的意志如何美好和伟大，你都不会感到由衷的开心和幸福。你会觉得心灵空虚，没有着落，缺乏安全感，不知道现在的生活是不是自己想要的，有时精神还会失去控制，甚至做出一些自毁或伤害别人的事。这些不正常的行为，其实就是你的内心在进行强制性的反抗，不愿继续接受别人强加给自己的意志。

因此，作为父母，不应该将自己的意志强加在子女身上，借助他们完成自己的梦想。你认为成为律师、科学家、钢琴家、舞蹈家……这些就意味着成功，意味着衣食无忧，但孩子却不一定这样想，孩子的内心需求不一定是这些。

无论是在亲子关系、夫妻关系还是朋友关系当中，我们都应该学会尊重对方，尊重他们的意愿，尊重他们的选择，并多多换位思考，感受他们的内心需求和理想。

如此一来，你就能平静地享受和周围人群建立的关系，自然而然地帮助对方，而不是将恩惠强加在对方身上，也不会在对方无法给予自己相应回报的时候心怀不满，能够更认真地对待自己该做的事。